海洋平台建造工艺

主　编　孙庭秀
副主编　齐蕴思　李延辉
主　审　彭　辉

 哈尔滨工程大学出版社

内容简介

本书共六章,分别对自升式平台建造工艺、桩腿、桩靴、悬臂梁建造工艺、半潜式平台建造工艺、推进器安装工艺、海洋钻井平台舾装工艺规范、直升机平台制造工艺、海洋钻井平台舱室布置、电气施工工艺等做了详细介绍。

本书可作为高职院校海洋工程类专业学生教材,亦可供从事海洋石油开发生产技术的人员参考。

图书在版编目(CIP)数据

海洋平台建造工艺/孙庭秀主编. —哈尔滨:哈尔滨工程大学出版社,2015.12
ISBN 978 – 7 – 5661 – 1177 – 7

Ⅰ.①海⋯ Ⅱ.①孙⋯ Ⅲ.①海上平台 Ⅳ.①TE951

中国版本图书馆 CIP 数据核字(2015)第 307416 号

选题策划 史大伟
责任编辑 叶 津
封面设计 语墨弘源

出版发行 哈尔滨工程大学出版社
社 址 哈尔滨市南岗区东大直街 124 号
邮政编码 150001
发行电话 0451 – 82519328
传 真 0451 – 82519699
经 销 新华书店
印 刷 哈尔滨市石桥印务有限公司
开 本 787mm × 1 092mm 1/16
印 张 15.75
字 数 410 千字
版 次 2015 年 12 月第 1 版
印 次 2015 年 12 月第 1 次印刷
定 价 36.00 元
http://www.hrbeupress.com
E-mail:heupress@ hrbeu.edu.cn

前　　言

随着科学技术的飞速发展,人们勘探、开发海洋的领域也在迅速扩大,已经由沿海延伸到近海、远海甚至远洋。这对海洋工程技术也提出更高要求,例如:海洋钻井平台从沿海座底式钻井平台到较深海域自升式钻井平台,再发展到超深海域半潜式钻井平台和钻井船。我国在这方面起步较晚,但是发展海洋战略技术,提高我国海洋经济水平,保护海洋航运安全,开发深海资源等一系列重大举措,已经列入我国重大发展战略。

编写本书是为了使从事海洋工程设计与开发的学生尽可能地掌握各种海洋钻井平台建造工艺及其舾装工艺和电气施工工艺等有关知识,为今后从事海洋工程设计、生产及其应用打下良好基础。

本书主要介绍了自升式钻井平台、半潜式钻井平台建造工艺及海洋平台上舾装和电气施工工艺,与实际生产结合紧密,实用性较强。

本书由渤海船舶职业学院彭辉教授担任主审,由渤海船舶职业学院孙庭秀副教授担任主编,由渤海船舶职业学院齐蕴思、渤船集团李延辉担任副主编。

项目一、项目四由渤海船舶职业学院孙庭秀编写,项目三由渤海船舶职业学院齐蕴思编写,项目二由渤海船舶职业学院马健编写,项目五由渤海船舶职业学院黄晓雪编写,项目六由渤船集团李延辉编写。

由于本书包括内容较多,编者水平有限,编写时间紧,可能存在不足之处,望广大读者提出宝贵意见和建议。

编　者

2015 年 7 月

前　言

目 录

项目一 自升式海洋钻井平台建造工艺

任务一 平台主体建造工艺

一、船台分段划分及分段定位数据编制依据

本建造工艺根据"建造原则工艺""分段划分图""全船结构构件理论线图""分段制作图"编制。

二、技术参数

1. 船型参数

总长	85.1 m
型长	63.6 m
型宽	40.0 m
型深	5.8 m

2. 船体结构参数

全船肋骨间距	1.2 m
全船纵骨间距	0.6 m
双层底高度	1.5 m

3. 本平台结构特点

本平台结构形式为纵骨架式、全钢质焊接平台,舷侧肋骨、甲板横梁、各层平台横梁、舱底肋板、舱壁加强材均为加工折边型材,舷侧、甲板、舱底、各层舱内平台、舱壁的一般骨材均为成品角钢型材,纵向加强骨材均为加工"I"型材。如图1-1所示为自升式钻井平台侧面图。

4. 平台主船体分段划分如图1-2所示。

(1)船体舱底甲板分段:101,201,301,401,501,601,701,801,其中901,902,903是围井分段。

(2)船体上甲板分段:102,202,如图1-3所示。

三、部件装配

部件装配:按照分段部件图册,首先将各零件组装成部件,再将部件运

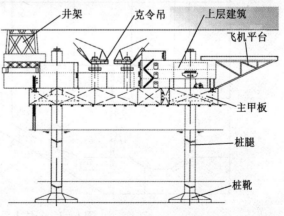

图1-1 自升式钻井平台侧面图

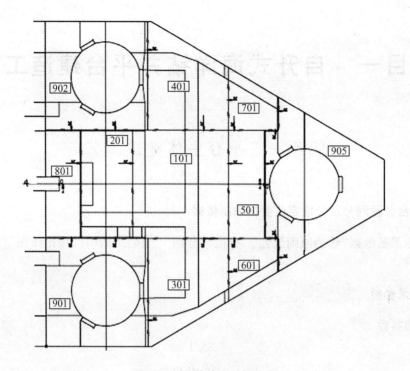

图1-2 船体舱底甲板分段

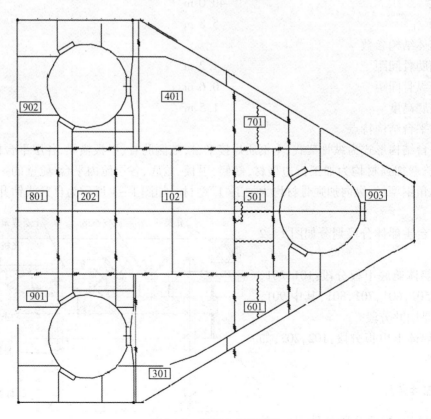

图1-3 船体上甲板分段

到平台工位与各组件进行组装,或直接运到胎架上工位,进行胎架上组装,如图 1-4、图 1-5 所示。

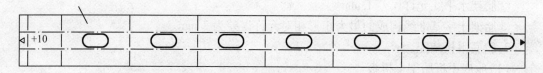

图 1-4　纵桁部件装配

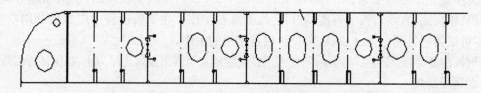

图 1-5　肋板部件装配

四、分段制作

(一)101 分段制作

101 分段是舱底甲板与其上构件组成的平面分段,在平台正造。分段呈水平状态,大大改善装配焊接工作条件,有利于采用自动焊和半自动焊,减少了立焊和仰焊的工作,提高了焊接质量,同时也便于分段画线和矫正。由于改善了装配作业的高度,有利于保证构件的安装质量,保证了分段线形和尺寸。胎架制作应有足够的结构刚性,以防止胎架在使用过程中产生变形,影响施工质量。应选取立柱式胎架。

1.胎架制作。

(1)画线:平台上画纵、横构件位置线。

(2)在纵、横构件位置线的交叉点位置焊接角钢支柱。

(3)在角钢支柱高度适当位置焊接纵、横加强角钢,加固胎架,如图 1-6 所示。

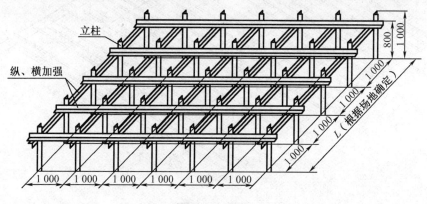

图 1-6　胎架

（4）胎架工艺要求。

①胎架中心线、胎心线允许误差 1 mm。

②胎架水平线允许误差 1 mm。

③胎架十字基准线构成的最大矩形相对允许误差为 2 mm。

2. 舱底甲板装配。

（1）舱底甲板胎架上拼板。

（2）平台拼板焊接原则。

①铺板除锈

按照施工图纸的要求，将钢板铺放在胎架上，并核对钢板上所注的代号、艏艉方向、肋骨号码、正反面、直线边缘平直度、坡口边缘的准备工作。在铺板过程中应尽量利用空余场地，尽可能将板排列整齐，以减轻拼板时拉撬钢板的工作。

钢板在拼接前，其边缘均需除锈，要求用砂轮除锈直至露出金属光泽为止，以保证焊接质量。

②钢板拼接

钢板拼接时，一般先将正确端（定位的一端）的边缘对齐，用松紧螺丝紧固，对于薄板可用撬杠撬紧。如果不用松紧螺丝紧固，在定位焊时要先在中间和两端固定，然后再加密定位焊。

拼板时，在兼有边接缝、端接缝的情况下，一般先拼装边缝。若先拼装端缝，由于边缝尺度较长，定位焊的收缩变形较大，可能产生间隙，则边缝的修正量就较大。在焊接时，为了减少焊接应力，应先焊端缝，后焊边缝。

采用自动焊时起弧点与熄弧点处的焊接质量较差，为了消除这种缺陷，在钢板拼接整齐后，可在板缝两端设置引弧板和熄弧板，这种工艺板的规格一般为 100 mm × 100 mm 左右，厚度与所拼板厚度相当。

（3）在舱底甲板上画纵、横构件线，并装焊纵骨，如图 1-7 所示。

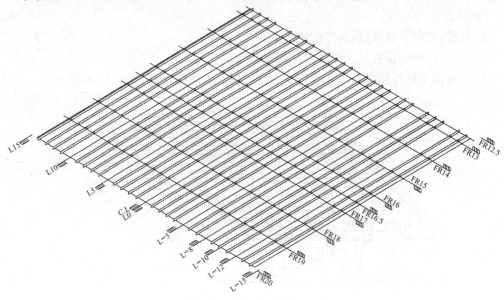

图 1-7 舱底板拼板、纵骨装配

3. 纵桁、肋板安装位置线。

如图 1 – 8 所示。

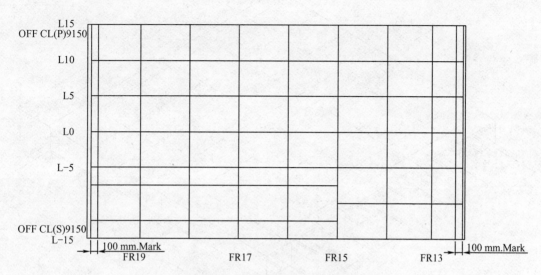

图 1 – 8　纵桁、肋板安装位置线

4. 纵桁、肋板安装示意图。

如图 1 – 9 所示。

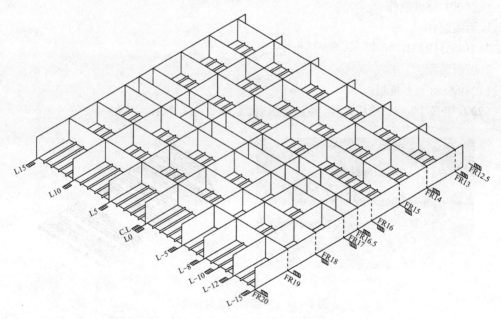

图 1 – 9　纵桁、肋板安装示意图

5. 上层甲板安装示意图。

如图 1 – 10 所示。

6. 检查、焊接 101 分段制作完成。

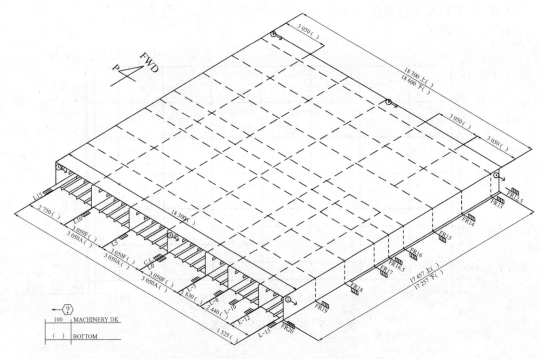

图 1-10 上层甲板安装示意图

(二)601 分段制作

1. 胎架制作。

与 101 分段制作相同。

2. 甲板装配。

(1)甲板胎架上拼板。

(2)在甲板上画纵、横构件线,并装焊纵骨,如图 1-11 所示。

图 1-11 拼板并安装纵骨材

3. 部件上胎架装配。

(1)如图 1-12 所示,安装肋板组合件。

(2)如图 1-13 所示,安装纵桁组合件。

(3)如图 1-14 所示,安装纵舱壁组合件。

(4)如图 1-15 所示,安装舷侧组合件。

（5）如图 1 – 16 所示，安装上甲板组合件。

（6）检查、焊接。如图 1 – 17 所示，601 分段制作完成，运输到船台进行大合龙。其他分段制造装配方法与此 601 分段相同。

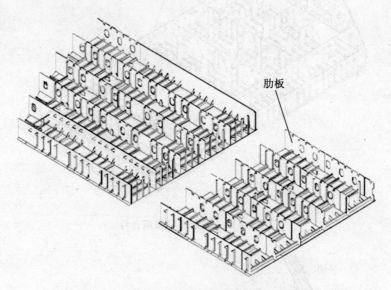

肋板

图 1 – 12　肋板组合件安装

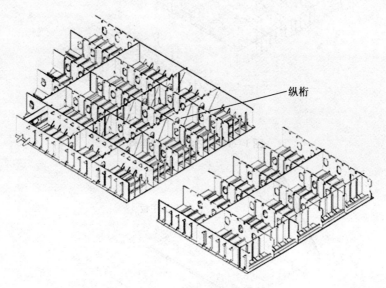

纵桁

图 1 – 13　安装纵桁组合件

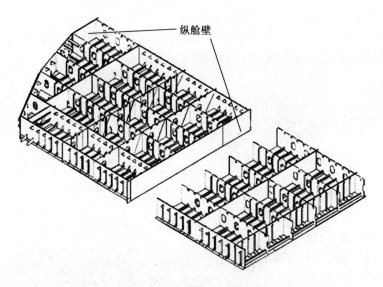

图 1 – 14　安装纵舱壁组合件

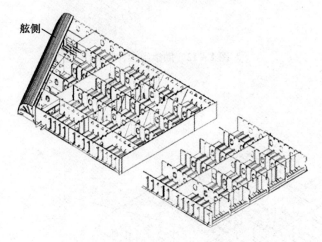

图 1 – 15　安装舷侧组合件

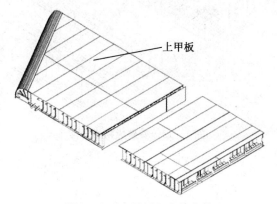

图 1 – 16　上甲板组合件安装

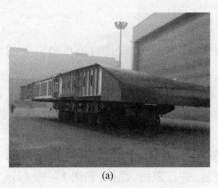
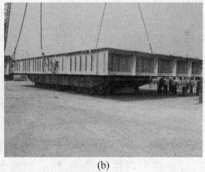

（a）　　　　　　　　　　　　　（b）

图 1 – 17　601 分段制作完成运输到船台进行大合龙

五、船台合龙

1. 大合龙墩木布置如图 1 – 18 所示。

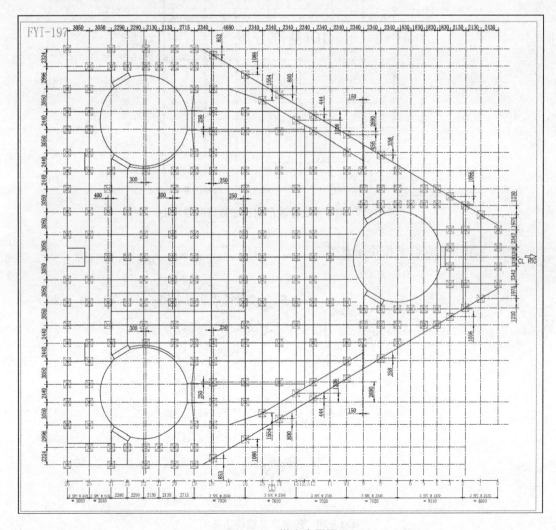

图 1 – 18　墩木布置图

2. 船台合龙基准段 101。

基准段 101 分段定位：

（1）用线锤或经纬仪将 101 分段的船体中心线、肋骨检验线与画在船台上的船体中心线、肋骨检验线对正,误差 ±2 mm。

（2）将 101 分段吊到已布置好的墩木上,测量、调整分段四角水平度,误差 ±4 mm。

（3）检查 101 分段水平、中心线,肋骨检验线等,确认无误后,将 101 分段固定在墩木上。

（4）分别将 201,401,301 等分段吊到已布置好的墩木上,与固定在墩木上的 101 分段比对,调整,对正画出对接余量线,然后割除余量,进行定位、焊接,如图 1 – 19 所示。

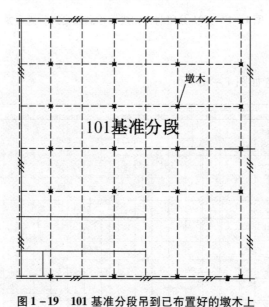

图 1 – 19 101 基准分段吊到已布置好的墩木上

图 1 – 20 为船台合龙模块示意图。

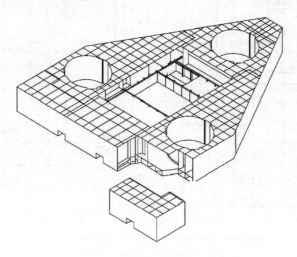

图 1 – 20 船台合龙模块示意图

（5）将102,202分段分别吊到船台上,调整分段四角水平,误差±4 mm。用线锤或经纬仪将分段的中心线、肋骨检验线与画出的船体中心线、肋骨检验线对正,误差为±2 mm,确认无误后,将102,202分段固定在平台上,焊接,如图1-21所示。

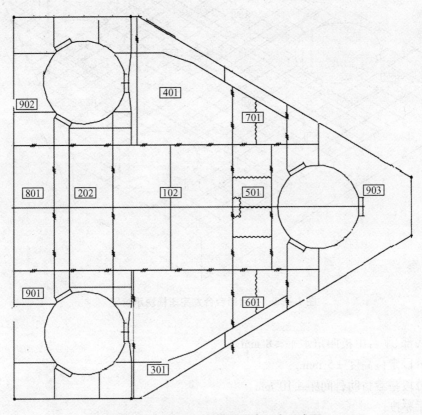

图1-21　102,202分段固定在平台示意图

图1-22为平台船台合龙完毕模块示意图。

3. 船台合龙精度控制要点。

（1）底部分段:左右平度、纵向平度、长度数据、端缝焊接收缩控制。

（2）舷侧分段:左右高度、侧纵壁及外侧板宽度、左右分段位置与底部分段结构对接。

（3）机舱底部101分段:主机座水平公差控制。

（4）围井分段:围井中心前后、左右位置偏差控制。

（5）分段对合线基准的控制。

（6）艉部801分段:保证甲板的平度、高度、艉部总长度、前后中心及肋距,特别保证的是轴系、主推系统的精度,分段定位的测量数据要做好记录,焊接过程中应监测、控制变形。

（7）艏部903分段:保证平台甲板的平度、高度、艏部总长、前后中心及肋距,特别保证侧推的精度,测量数据要做好记录,焊接过程中应监测、控制变形。

4. 施工公差标准。

（1）分段之间对接时结构有错边,其中心线的偏差距离不能大于最小板厚的1/3。

（2）底部中心线与坞内中心线偏差≤3 mm。

（3）甲板、平台、横舱壁与内底板中心线偏差≤5 mm。

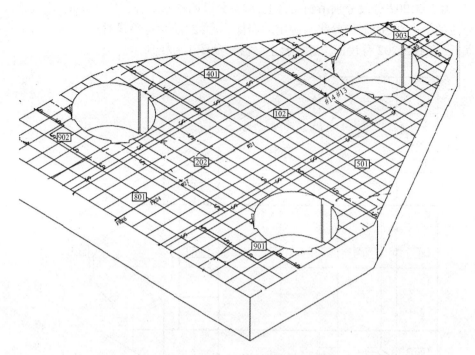

图 1－22　平台船台合龙完毕模块示意图

（4）底部、平台甲板四角水平≤8 mm。

（5）分段定位高度 ±5 mm。

（6）分段搭载口肋骨间距 ±10 mm。

（7）平整度。

①平整度（每一肋距的平整度）见表 1－1。

表 1－1　平整度精度（每一肋距的平整度）

项　　目		标准范围	允许极限
外板	平行舯体	≤4	≤6
	前后弯曲部分	≤5	≤7
双层底	内底板	≤4	≤6
舱　　壁		≤6	≤8
上甲板	平行舯体	≤4	≤6
	前后部位	≤6	≤8
	非曝露部位	≤7	≤9
第二甲板	曝露部位	≤6	≤8
	非曝露部位	≤7	≤9
上层建筑甲板	曝露部位	≤4	≤6
	非曝露部位	≤7	≤9
围壁	曝露部位	≤4	≤6
	两面非曝露部位	≤7	≤9

②平台整体平整度精度见表1－2。

表1－2　整体平整度精度

项　目		标准范围	允许极限
外板	平行舯体	$\pm l_3/1\,000$	$\pm 3l_3/1\,000$
	前后部位	$\pm 3l_3/1\,000$	$\pm 4l_3/1\,000$
甲板、平台、内底板			
舱　壁		$\pm 4l_3/1\,000$	$\pm 5l_3/1\,000$
上层建筑	甲　板	$\pm 3l_3/1\,000$	$\pm 4l_3/1\,000$
	外　壁	$\pm 2l_3/1\,000$	$\pm 3l_3/1\,000$
其他		$\pm 5l_3/1\,000$	$\pm 6l_3/1\,000$

注：l_3——检测距离的数值，单位为 m；最小检测距离 $l_3 = 3$ m，对于舱壁、外壁的检测距离为 5 m。

六、平台制造完成、检查、密性试验

略。

任务二　圆筒式桩腿建造工艺

一、概述

1. 编制依据

本建造工艺根据"桩腿、齿条制造安装原则工艺""焊接原则工艺""焊接工艺规程"编制。

2. 适用范围

本建造工艺适用于右舷桩腿分段 332,333,334,335,336,352,353,354,355,356 的制作。

二、主要设计参数

1. 材料

主体材料：EH36。

主体板厚：40～52 mm。

2. 结构尺寸

桩腿长度：90 m。

桩腿外径：3 300 mm。

3. 桩腿分段划分（以舯部右舷桩腿为例）

桩腿共分为 5 个分段，其中 355 分段与 356 分段先合龙成一个分段再进行船台合龙，分段划分如图 1－23 所示。

· 13 ·

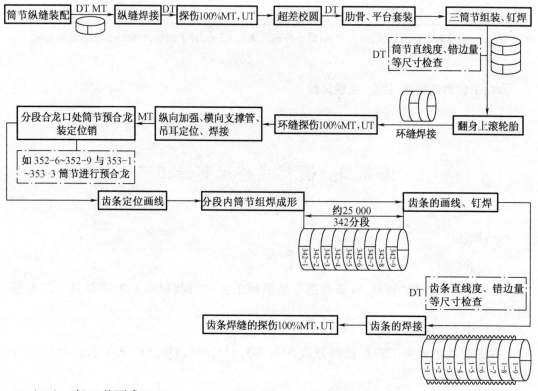

图 1-23 桩腿分段划分图

4. 桩腿分段筒节表示方法

例如:352 分段上桩腿第 1 筒节表示为 352-1,其他分段桩腿筒节表示方法依此类推。

三、圆筒制造步骤

(一)制造工艺流程

(二)一般工艺要求

1. 肋骨制作如图 1-24 所示。

(1)按筒节内径画出地样线(使用地样钢板)。

(2)按地样对制肋骨,将肋骨段两端余量按照每端-2 mm 画出并切除。

(3)钉焊肋骨段的向板与腹板角焊缝。

(4)焊前安装支撑,以控制焊接变形。

(5)焊接时,注意控制面板与腹板的垂直度,使用专用角度样板随时测量。

2. 筒节制作如图 1-25 所示。

(1)筒节圆制作。在轨道胎架上,轨道胎水平<0.5 mm。将筒节端口水平调整到小于1.0 mm,周长按零公差,对于因壳板滚圆造成的伸长,用砂轮磨掉伸长部分。筒节垂直度≤1 mm,加装 4 块工艺板(规格:16×250×500,材质:Q235A)。

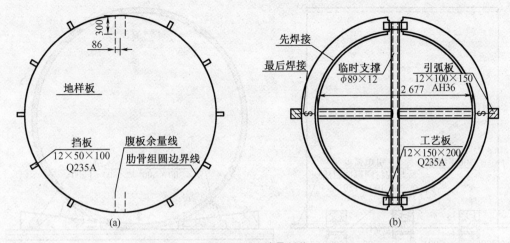

图 1-24　肋骨制作

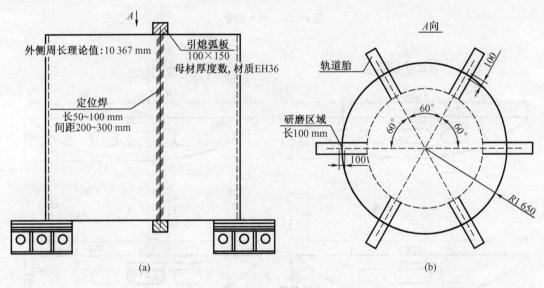

图 1-25　筒节制作

（2）纵缝正、反面焊接，墩木布置。如图 1-26 所示，每筒节需用木垫 12 块，木垫放在 300×20"工"字钢上，每根"工"字钢长度约为 4 000 mm，每筒节需三根"工"字钢，总长度为 12 m。

（3）纵缝脊状变形矫正，采用舷长 2 000 mm 的样板，脊状变形≤1 mm，如图 1-27 所示。

（4）纵缝焊接完成后将焊缝余高打磨至 0.5 mm。

（5）纵缝打磨完成后，对其进行 100% MT，UT 探伤，对圆度超差的筒节进行校圆。

（6）在轨道胎架上，调整筒节端口水平和垂直度。筒节画出四个圆心线和肋骨位置线。

（7）套装隔壁和肋骨。

（8）筒节焊前测量交验（圆度、端口水平度、垂直度、肋骨垂直度、肋骨高度）。

（9）肋骨和壁板正、反面焊接，焊接距端口小于或等于 250 mm 的肋骨或隔壁时，要控制焊接线能量，防止筒节端口产生缩口的现象。

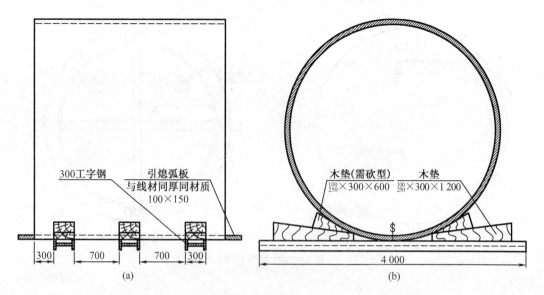

图 1-26　墩木布置

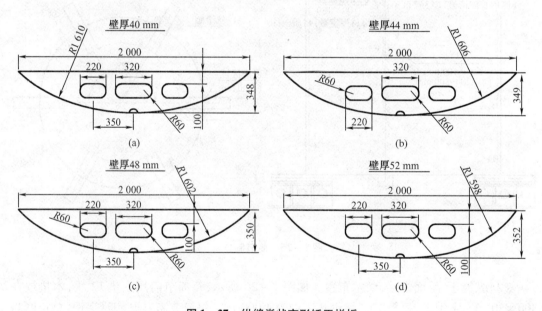

图 1-27　纵缝脊状变形矫正样板

（10）筒节装配精度要求和控制。

①装配错边量≤1.5 mm。

②上下外直径公差 $3\,300^{0}_{-6.0}$。

③上下口周长公差 $10\,362^{0}_{-5.0}$。

④筒节板垂直度≤1.0 mm。

⑤上口水平度≤2.0 mm。

装配尺寸符合上述及图纸要求后，方可进行钉焊、装焊临时工装以及工艺板。

（11）筒节组焊后精度要求和控制。

①母线直线度为 3 mm/10 m。

②高度：±h/1 000 mm。

③上、下口水平度≤2 mm。

④椭圆度≤6.0 mm。

⑤错边量≤1.5 mm。

椭圆度超差的筒节在卷板机上进行校圆。

（三）分段合龙

1. 将第一节筒节吊至立式合龙轨道胎架上，调整筒节基准边水平、垂直度及筒节中心重合度。

2. 吊装第二节筒节，使两个筒节四个圆心重合，如果艏艉心与左右心冲突，对于艉部右舷桩腿分段（352，353，354，355，356）应以左右心为主，对于艉部右舷分段（332，333，334，335，336）应以艏艉心为主。

3. 调整筒节上端口水平度、筒节上端口至基准边的垂直度、对接缝的板厚差。

4. 筒节调整好后先钉焊四个"圆心"处，然后一次对称钉焊其余部位，钉焊时需预热，钉焊结束后在后焊面装焊 6 块工艺板（规格：16×250×500，材质：Q235A）。桩腿相邻筒节外板纵缝相互错开角度为 180°，第二筒节纵缝相对于第一筒节纵缝每次向上顺时针旋转 180°位置。筒节组焊纵缝布置如图1-28 所示。

图1-28 筒节组焊纵缝
布置图

5. 吊装第三节筒节，施工过程同上。

6. 全部施工结束后进行交验，安装吊耳及进行吊装加强。

7. 进行环缝焊接，焊前预热温度为 160℃，焊接结束后，交验验收，进行探伤检验。

8. 合格后转立式合龙胎架上，调整筒节上下口水平度、筒节垂直度、筒节四个中心重合度，如超差可进行中心线修正。

9. 安装加强扁铁和支撑管子、直梯及内部其他结构，交验合格后进行焊接，加强扁铁端口处留 200 mm 不焊。

10. 焊接交验合格后对分段进行测量。测量上下端口水平度、分段垂直度、分段直线度，合格后转下道工序，将最终数据填入测量表格。

（四）桩腿合龙

1. 在船台上用激光经纬仪画出合龙中心线，对准船台中心线摆放专用卧式合龙胎架，每个分段等距摆放 5 个，每个桩腿共需 20 个。

2. 将第一个分段（356 分段）吊装至专用卧式合龙胎架上，调整两端口上下圆心重合度，使两端口圆心水平，调整好后将分段固定。

3. 吊装第二个分段（355 分段），在不影响施工的情况下，将两分段尽量靠近，然后以第一个分段为基准调整两端口上下圆心重合度，使两端口四圆心水平，调整好后测量合龙口处肋骨间距和总段长度，根据测量长度确定切割余量，用画线板画出余量线（加放焊接收缩量）及检查线，并打上洋冲，采用自动切割机切割余量并开出坡口，切割后将坡口及坡口两侧 20 mm 范围内打磨干净直至露出金属光泽。

4.将第二个分段拉靠第一节分段,重新调整上下圆心重合度,使两端口四个圆心水平,测量合龙口处肋骨间距和总段长度,调整好后将两个分段固定。用压码压平板壁错边量,在四个"圆心"处安装工艺板,然后用四名焊工以此钉焊合龙缝。钉焊长度为 80～100 mm,间距为 250～300 mm。

5.其他分段(352,353,354 分段)施工过程同第二分段合龙。

6.切除余量重新调整,交验合格后在预合龙口处装焊定位销。

7.修正中心线,画出齿条定位线(两条线:齿条中心线、侧面线),画线精度为 1.0 mm。

8.合龙检查结束后,将定位销上螺栓拆解。

9.桩腿合龙精度要求和控制。

(1)装配错边量≤2 mm。

(2)桩腿分段母线直线度:2 mm/10 m。

(3)椭圆度(最大直径与最小直径差)≤6.0 mm。

(4)高度公差为 ±1h/1 000 mm。

四、齿条安装

1.齿条焊接精度要求。

齿条焊接精度要求见表1-3,齿条对接焊缝如图1-29所示。

表1-3　齿条焊接精度

检查项目	标记	公差范围/mm
齿到齿(焊接)		±1
齿顶间距	a	±2
齿条直线度		3 mm/10 m
距 A 面对称度		4
距 B 面对称度		4
焊接错边量		1

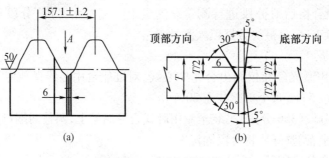

(a) (b)

图1-29　齿条对接焊缝

2.桩腿和齿条装配精度要求。

桩腿和齿条装配精度要求见表1-4和图1-30。

表 1-4 桩腿和齿条装配精度

检查项目	标记	公差范围/mm
齿到齿(焊接)		±0.5
齿顶间距	a	±1
齿条直线度		2 mm/10 m
距 A 面对称度		2
距 B 面对称度		2
焊接错边量		1

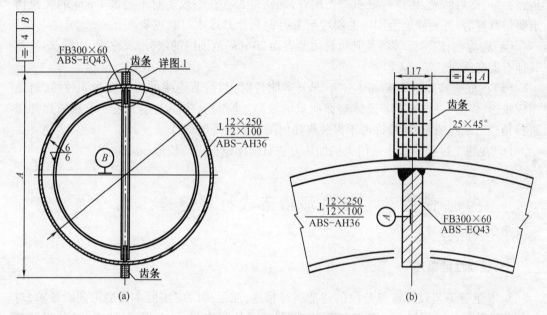

图 1-30 桩腿和齿条装配精度要求

3.焊接。

桩腿、齿条、桩机套筒属于平台的三大关键部分。从事这些部位焊接工作的焊工,必须经 ABS 船级社认可,否则禁止施焊。

焊接工艺板、马板、吊耳等临时工装,必须按焊接工艺要求进行预热。

五、材料管理(分段制作阶段)

1.标志移位规定

(1)下料单位与用料单位间应实施板材、型材等钢材转序交接确认并签字。交接清单内容包括零部件名称、件号、材质、数量、批号等信息。用料单位应核对实物与交接清单信息的一致性,发现问题应及时反馈。

(2)钢材零部件组装、结构制作、分段制作、船台安装等阶段,需对零件号进行详细记录并存档,以实现对零件材质、批号等信息的追溯。零部件装配执行 QC/BJ08.03—13—02"产品材料跟踪表",船台阶段零部件装配执行 QC/BJ08.03—13—04"产品船体零部件装配材料登记表",产品焊接执行 QC/BJ08.03—13—05"产品焊接件安装记录表"。

2. 施工中材料表面质量管理

（1）凡火焰切割和碳弧气刨的割口均要打磨到金属色，并进行 100% 磁粉探伤，确认其表面不得有裂纹、分层、夹杂等缺陷。切割面不能有超过 2 m 深的缺口，如偶有深度超过 2 mm 的缺陷要进行补焊，然后用砂轮打磨光滑。采用碳弧气刨方法清根，打磨后的坡口应圆滑，深度及宽度要均匀，底部的不平度≤2.0 mm，刨槽内不得有烧穿现象。

（2）用火焰切割工装或吊耳，在跟母材表面约 3～5 mm 距离时进行切割，再经碳弧气刨留有 1 mm 左右余量，然后采用砂轮打磨光滑。母材表面不可以有割口，并且对打磨处进行 100% 磁粉探伤检查。

（3）制造过程中避免钢板表面有机械损伤，对超过 1 mm 的缺口、凹坑要按照补焊工艺进行补焊，然后磨光，再进行磁粉探伤检查，确认是否存在裂纹。对不超过 1 mm 的尖锐伤痕要进行修磨，并使修磨范围内的斜度至少为 3:1，严禁产生过磨现象。

（4）施焊前，应清除坡口及其母材两侧表面 20 mm 范围内的水分、氧化物、油污、熔渣及其他有害杂质。

（5）在桩腿筒节上焊接临时工装、吊耳等附件时，与筒节连接的焊缝要光顺过渡，避免出现咬边、焊瘤、裂纹等影响筒体表面质量的缺陷。同时要按照上述工艺要求对施焊部位进行预热。未经船东、船检许可不得装焊任何工艺要求外的部件。

（6）在施工过程中禁止采用火焰加热方法对筒体钢板进行校形。

任务三　三角形桁架式桩腿建造工艺

一、桩腿性能概述

1. 本建造工艺仅对桩腿分段的建造进行描述，质量部门应按照本建造工艺的要求，对不同建造阶段（主弦管接长、主弦管预装件制作、单片制作、分段总组、桩腿安装）的尺寸精度进行检测，并对结果进行汇总。

2. 本建造工艺主要参考的图纸和文件。

（1）桩腿结构图、桩腿技术协议。

（2）CP - 400 自升式钻井平台技术规格书。

（3）桩腿结构分段划分图。

3. CP - 400 自升式钻井平台有三个桩腿，形状为等边三角形桁架式，每个桩腿总长度为 166.060 3 m，质量约为 3 510 t（3 个）。桩腿主弦管及齿条板材料均为 ASTM A517 GR. Q，齿条板厚度为 177.8 mm。支撑管有三种规格，包括：水平管，即 P - 323.85 × 28.58；斜撑管，即 P - 273.05 × 21.41，材质为 APIX80；内水平管，即 P - 168.28 × 10.97，材质为 ASTM A106 GR B OR C。

二、总则

每个桩腿结构将被分成 8 个分段，在分段制造厂进行建造。最下端的 L201 分段在船台和桩靴上分段进行连接。各分段质量及上平台合龙时机见表 1 - 5。

表1-5　分段要素表

段号	长度/m	质量/t	备注
L201	21.597 7	154.601	在船台上安装
L202	17.068 8	119.602	在船台上安装
L203	17.068 8	119.602	平台下水后深水港吊装
L204	17.068 8	119.602	平台下水后深水港吊装
L205	17.068 8	119.602	平台下水后深水港吊装
L206	25.603 2	179.403	平台下水后升船安装
L207	25.603 2	179.403	平台下水后升船安装
L208	24.981	178.427	平台下水后升船安装
总计	166.060 3	1 170.242	

三、桩腿分段划分

依据总则的要求,并结合桩腿结构及订货情况,桩腿分段划分如图1-31所示。

四、桩腿的主弦管结构图

1. 桩腿的主弦管采用自制的组合件,供货长度有四种规格,分别为6.852 8 m(9根)、4.287 2 m(9根)、8.554 4 m(153根)和7.932 2 m(9根)。主弦管两端均需开出坡口(包括齿条板和半圆板),如图1-32所示。

2. 支撑管的供货方式为毛料,来料后需按照图纸要求,利用专门的设备(相贯线切割机)切割坡口。

五、建造顺序

(一)桩腿建造工艺顺序

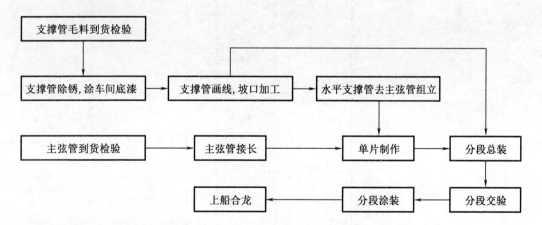

(二)桩腿安装方法及尺寸控制

1. 主弦管的来料检验

(1)证书检验

证书包括 CCS 认可的材料证明、焊材测试证书、尺寸检测报告、NDT 报告和热处理报告等。各种证书和报告应满足 CCS 及船东的要求。

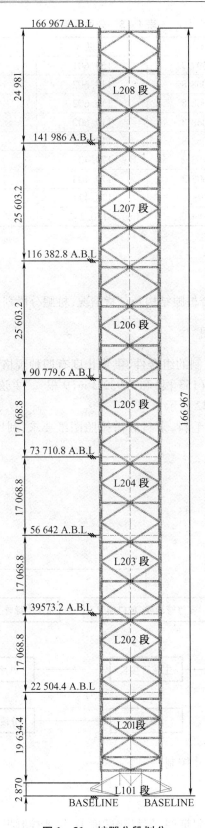

图 1 – 31 桩腿分段划分

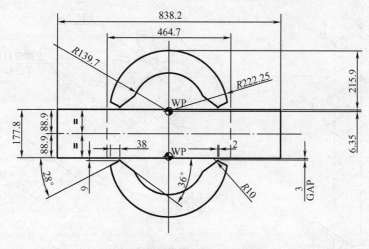

图 1-32　桩腿定位横剖面图

（2）表面检验

主弦管表面不允许有飞溅和焊渣等缺陷。

（3）焊接检验

齿条和半圆板的焊接、齿条和齿条的焊接过程中，相同位置只允许有一次不合格，且不合格处必须有相应的标记和记录。

（4）编号、检查线及各种标记检验

编号、检查线及各种标记应清晰、齐全。每一段主弦管的编号都是唯一的，它反映了该主弦管在整个桩腿上的位置，并且便于对材料进行跟踪。来料时需对编号进行检查，看是否符合供货方和公司之间的约定。为便于对主弦管的尺寸进行检查，来料时主弦管上应画出所需要的检查线；另外，为便于施工和材料跟踪，来料时主弦管上应标有双方约定的各种标记。如图 1-33 所示为主弦管编号。编号示例：RP4-8 表示艉部桩腿 No.8 上从下往上数第 4 根主弦管。齿条板上画线及标记如图 1-34 所示。

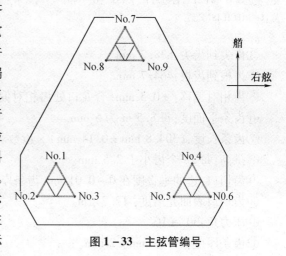

图 1-33　主弦管编号

（5）尺寸检验

来料时的尺寸检验对整个桩腿的尺寸控制非常重要，主要是检查主弦管的主尺度、挠度、水平度及齿间距等是否满足精度要求。对检查结果记录到检查表格当中，对超差部分，应进行处理并记录，检查表格应反馈到项目组。

（6）齿条精度要求

①齿到齿（齿距）：304.8 mm ±0.50 mm。

②齿到齿（齿条到齿条焊接部分齿距）：304.8 mm ±2.0 mm。

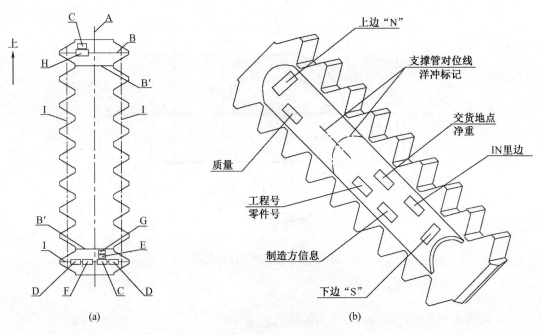

图 1 - 34 齿条板上画线及标记

(a)齿条板上画线标记;(b)半圆板上画线标记

A—齿条板纵向中心线,两端有油块(300 mm×200 mm),并用洋冲标记;B—端部齿条横向中心线(齿顶),用洋冲标记;B'—端部齿条横向中心线(齿顶),用洋冲标记;C—南北方向标记,左边写有"N",右边写有"S";D—东西方向标记,左边写有"WEST",右边写有"EAST";E—写有"IN",表示里边;F—零件编号;G—材质,CCS 的印戳;H—材料炉批号;I—PITCH LINE 线

③齿尖到齿尖:838.2 mm。

④齿根到齿根:464.7 mm。

⑤齿相对偏移:±0.5 mm(合龙口处齿相对偏移:±2mm)。

⑥齿条平面度:每8.5 m 为 5 mm。

⑦齿条长度:(304.8 mm±0.14 mm)×齿数。

⑧拱高:每28 个齿小于2.5 mm。

⑨齿切口:边的垂直度在0～0.01 mm 齿条厚度之内。

⑩齿切口表面光洁度:12.7 μm。

⑪压力角:30°±10′。

⑫齿条厚度:177.8 mm±2 mm。

(7)半圆板精度要求

①1/2 圆高度(里或外):0～5 mm。

②1/2 圆宽度(里或外):±3 mm。

③板厚: 0～0.5 mm。

(8)质量检验

①桩腿的质量检验是该产品质量控制的重要环节。桩腿的质量检验分为两部分进行,第一部分为主弦管来料质量检验,用专用磅秤进行;第二部分为桩腿分段质量检验,用专用磅秤进行。

②检验原则是普遍检验,即对每一根来料主弦管的质量进行检验,并做好记录。对每一个桩腿分段的质量进行检验,并做好记录。最后对记录进行汇总,作为桩腿质量控制的依据。

③来料主弦管的质量以设计图纸为准。

2. 支撑管的来料检验

(1)证书检验

材质证书等应满足 CCS 以及船东的要求。

(2)表面检验

材管表面不允许有飞溅和焊渣等缺陷。

(3)尺寸检验

来料尺寸要求如下:

长度: $0 \sim 3$ mm。

直径: $\pm 0.75\% D$。

壁厚: ± 0.5 mm。

直线度: 1.5 mm/m,最大 0.1%(总长)。

3. 支撑管的坡口加工

(1)坡口加工将使用管子相贯线切割机进行。

(2)支撑管坡口加工的工艺流程分为车间底漆—画线—坡口加工—检测 4 个阶段。

(3)支撑管画线内容包括切割用的检查线和检测用的中心横向检查线。中心横向检查线需用洋冲打上标记,以便于在装配阶段对位时使用。

(4)支撑管的相贯坡口切割工作需在平曲面车间内进行,加工好的支撑管要进行相应的检验,检验分为长度尺寸检验和坡口形状检验两部分。

①长度尺寸检验通过如下方式进行,公差要求: $-2 \sim 0$ mm。

②支撑管长度尺寸和坡口形状检验如图 1-35 所示。

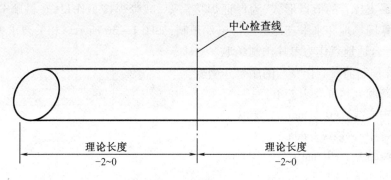

图 1-35　支撑管长度尺寸

(5)检验完成后,支撑管将分别运送主弦管和支撑管到组装场地和桩腿分段装配场地进行组装。

4. 桩腿主弦管接长

(1)该项工作应在专用场地进行。

(2)该工作主要是为了保证主弦管的对接精度,因此,需要制作专门的胎架。

（3）胎架的设置要满足焊接的需求。

（4）主弦管的对接工艺顺序及焊接要求。

①支胎,并交验收。

②胎上定位,齿条板应垂直于胎面。

③先进行齿条板的焊接,焊接方法是手工电弧立焊。焊条需采用 TENACITO 80CL 焊条。焊接时采用双数焊工对称施焊,焊接过程中根据测量数据,随时调整焊接顺序。焊前预热及焊后热处理参照相关 WPS 执行。

④齿条板焊完后,进行交验,包括焊接检验和尺寸检验。

⑤安装主弦管,进行齿条板和半圆板对接缝焊接、半圆板和齿条板上端面的角焊缝焊接,焊接方法是手工电弧焊,焊条采用 TENACITO 80CL 焊条。焊接齿条板和半圆板对接缝时,采用双数焊工对齿条两侧四条接缝进行对称焊接的方式。焊接过程中根据测量数据,随时调整焊接顺序。焊前预热及焊后热处理参照相关 WPS 执行。

⑥主弦管翻身 180°,进行另一面半圆板和齿条板的角接缝。

⑦主弦管焊完后,进行交验。

⑧以上整个过程中的焊前预热和焊接过程应严格按照相应的 WPS 文件进行。

⑨主弦管接长完成后的精度要求。

（a）长度：±4 mm。

（b）主弦管直线度≤2.5 mm/28 齿。

（c）齿条平面度≤5 mm/8.5 m(测量时以内侧为基准)。

（d）焊缝处齿条间距：±2 mm。

⑩主弦管接长尺寸检验表格见"桩腿焊接单元接长精度测量表"。

（5）主弦管接长完成后,运输到分段装配场地,和水平支撑管进行单片制作,然后进行分段总组。

5. 主弦管和支撑管的单片预制

根据水平支撑管的节点形式,为保证焊接需要,减少焊接工作量,在桩腿分段总组前,主弦管需在专门场地和水平支撑管进行单片预制,如图 1 - 36 所示。相关要求如下：

（1）选择合适地点作为单片预制场地。

（2）单片预制前需制作专门的胎架并交验。

单片预制胎架精度要求如下：

①胎架中心线：±0.5 mm。

②主弦管中心线：±1 mm。

③对角线偏差：±1 mm。

④模板同面度：±1.5 mm。

⑤模板位置线偏差：±1.5 mm。

⑥模板线形与数据偏差：-2.0 mm。

⑦模板垂直度：±1.5 mm。

（3）为满足水平支撑管焊接需要,对桩腿和支撑管的预制内容及顺序规定如下：

①安装主弦管并定位,主弦管中心线应和胎架上检查线对齐。

②安装水平管并定位,水平管中心线和胎架中心线对齐。

③焊接。整个焊接过程严格按照相应的 WPS 文件进行。

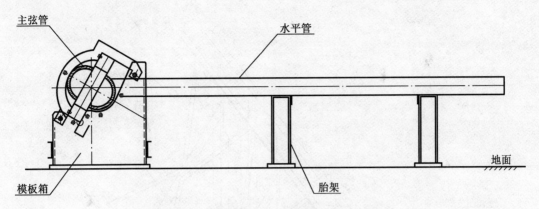

图 1-36　主弦管和水平支撑管胎架上装配图

④单片分组如图 1-37 所示。

如图 1-38 所示,三组单片装配顺序:1 和 2 进行预装,3 和 4 进行预装,5 和 6 进行预装,7,8,9 及其他斜支撑管在分段总组阶段散装。

(4)桩腿单片预制完成后进行尺寸检测,精度要求如下:

①主弦管长度:±4 mm。

②主弦管直线度≤2.5 mm/28 齿。

③齿条平面度≤5 mm/8.5 m(测量时以内侧为基准)。

④水平支撑管垂直度:±2 mm。

⑤主弦管角度:±25′。

(5)单片吊装。

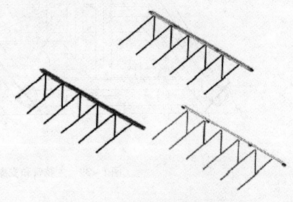

图 1-37　主弦管和支撑管的单片预制

6. 分段总组

(1)分段总组需在专门设计的胎架上进行,总组胎架精度要求如下:

①胎架中心线:±0.5 mm。

②胎架水平线:±1 mm。

③主弦管中心线:±1 mm。

④主弦管中心线相对胎心:±1 mm。

⑤对角线偏差:±1 mm。

⑥模板同面度:±1.5 mm。

⑦模板位置线偏差:±1.5 mm。

⑧模板线形与数据偏差:-2.0 mm。

⑨模板垂直度:±1.5 mm。

(2)装配的内容主要为三个单片分段的装焊以及部分散装支撑管的装焊,如图 1-39 所示。

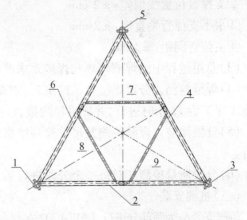

图 1-38　三组单片装配顺序

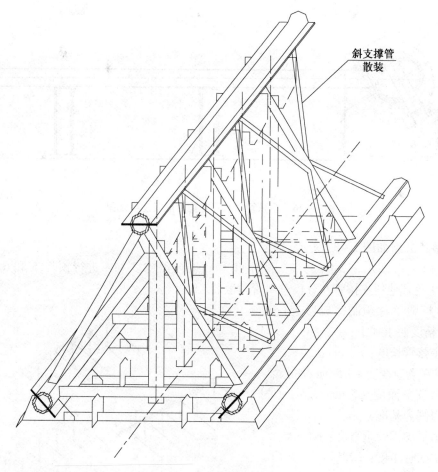

图 1-39 主弦管和支撑管总组

分段精度要求如下：

①分段同面度：±2 mm。

②支撑管位置线偏差：±2 mm。

③水平支撑管垂直度：±2 mm。

④主弦管间距：±3 mm。

（3）总组过程中的焊前预热和焊接要求严格按照相关 WPS 文件执行。

（4）焊缝检测。分段焊接施工结束后，需要对焊缝进行 100% 无损探伤，探伤应当在焊接施工完工后 72 小时进行，并提供检测报告。

（5）分段涂装。焊缝检测及尺寸检验结束后，对分段进行涂装，涂装按照相关涂装工艺进行。

（6）分段质量检测。对每一个分段进行质量检测，并做好记录。

（三）桩腿安装

桩腿安装分为两部分进行，L201，L202 在船台进行安装，安装时采用 200 吨龙门吊车进行，其中 L201 段与桩靴对接安装。L203 至 L205 段在平台下水后在深水港码头采用 650 吨履带吊吊装。L206 至 L208 段需制作专门的接桩工装，采用升船接桩的方式进行安装。

1. L201 段与桩靴安装

L201 段在船台合龙阶段与桩靴进行对接安装,无齿齿条在桩靴完工后,先在桩靴内部定位安装,待与 L201 段合龙时调整焊接。L201 分段底部与桩靴对接的水平管和斜支撑管在合龙阶段安装,如图 1-40 所示。

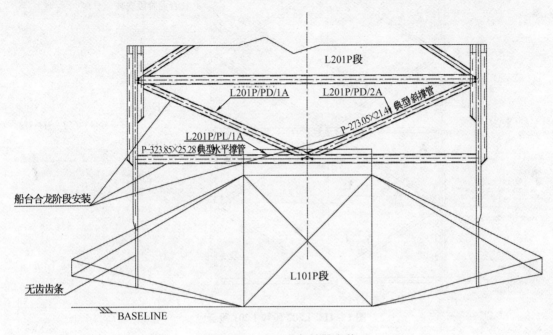

图 1-40　L201 段与桩靴安装

2. L202 段的安装

(1)吊装。

(2)安装及定位工装。为确保桩腿的安装精度和施工方便,在桩腿安装时,应在桩腿合龙口位置处安装定位块。

(3)焊接过程严格按照相关 WPS 进行。

(4)L202 段和 L201 段合龙口位置处的斜支撑管在合龙阶段安装,其他分段与此类似,如图 1-41 所示。

3. L203 至 L205 段的安装

平台下水拖移至深水港码头后,采用 650 吨履带吊进行吊运安装,吊运方式参见“桩腿吊运方案”。

4. L206 至 L208 段的安装

下水后安装上部桩腿采用滑道架工装拖移到位的方案,准备工作及安装程序如下:

(1)准备工作。

①插桩升船区域扫海。

②平台的升降系统具备正常使用条件。

③平台升至高位时,人员及材料上下平台时所需的设施。

④配备起质量为 650 吨的履带吊。

⑤桩腿滑道架工装安装并试验完毕,并装好接桩处的工作平台。

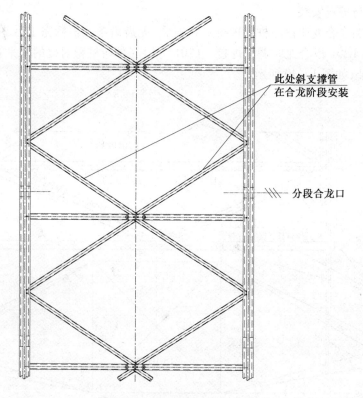

图 1 - 41   L202 段和 L201 段合龙

（2）安装程序。

①升船前,使用履带吊将上段桩腿吊到滑道架上。

②升船至预定高度。

③将桩腿拖移到安装位置,对中、找正、定位。

④进行焊接。

⑤焊缝及尺寸检验。

（3）艏部桩腿的滑道可设置在悬臂梁的管架平台上。升船接桩如图 1 - 42 所示。

5. 安装精度

船台和平台下水后安装桩腿时,每安装完一段桩腿,都要对桩腿的精度进行检测,安装桩腿的精度要求如下:

（1）桩腿垂直度:6 mm/15.25 m。

（2）支撑管位置线偏差:±2 mm。

（3）水平支撑管垂直度:±2 mm。

6. 焊缝检测

焊缝需要 100% 进行探伤,探伤应当在焊接施工后 72 小时进行,并提供检测报告。

六、桩腿的性能测试

整个桩腿施工完成后,需根据试验大纲的要求,进行升降试验。通过试验来检测桩腿和升降齿轮的啮合率及升降系统的机械性能等。

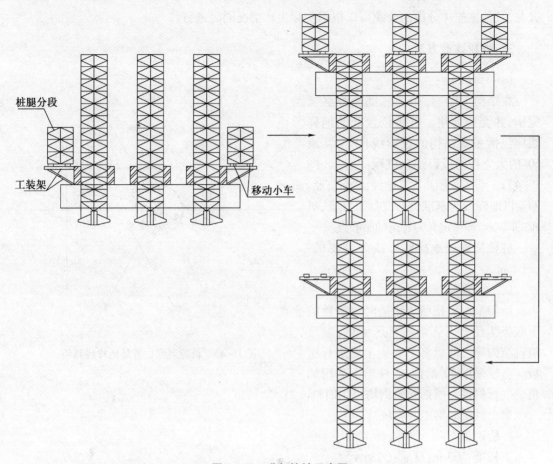

桩腿分段

工装架

移动小车

图 1−42　升船接桩示意图

任务四　圆形桩靴建造工艺

一、概述

CP400 自升式钻井平台为三角形船体,带有三个三角形桁架式桩腿,每个桩腿由下端的桩靴支撑。三个桩腿位置如下:艉部两桩腿位于船体中心线两侧各 23.75 m 处,艏部桩腿位于船体中心线上,距艉部两桩腿纵向中心距 46.01 m。桩腿下端的桩靴为一个上下面倾斜的圆盘形结构。桩靴直径约 17.8 m,面积 248.72 m²,桩靴型深为 5.945 m,质量约 378 t。此桩靴外形尺寸要大于 CP300,DSJ300 的桩靴。CP400 自升式钻井平台共有三个桩靴结构,结构形式相同,因此建造方法相同。

二、建造原则

1. 桩靴采用以下底板为胎、正造的建造方法。

2. 桩靴在船台进行施工建造。每个桩靴完工后的结构质量约为 378 吨。

3. 三个桩靴以胎架地样线为基准进行建造。桩靴建造完毕后撤除胎架,吊运至船台进行合龙。桩靴建造定位要严格以胎架地样线为基准进行建造,桩靴合龙必须先于围井分段

· 31 ·

合龙,其他主船体分段的合龙可以根据实际生产情况同时进行。

三、桩靴建造方法

(一)画线

在结构上胎前,胎架底部画线必须完毕,并交验合格。桩靴位置处的地样线应包括主要结构的投影线(3个互成60°的大立板的投影线)、桩靴中心点(图1-43)。设置支胎高度基准线,然后支胎。胎架以地样线为基准进行支胎。注意:桩靴的圆心点即可定义为建造的胎心点。

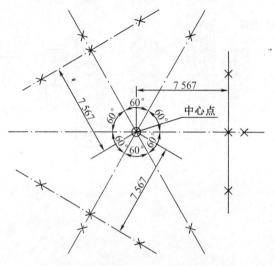

图1-43 桩靴装配位置处地样线画线

桩靴位置处地样线画线公差要求:±1 mm。

(二)支胎

胎架采用支柱胎。建造时以桩靴的下底板为胎。下底板下料压型后,参照桩靴结构施工图纸将下底板上胎进行拼板。支柱采用20#槽钢,支柱胎下采用加角钢进行斜撑。槽钢和角钢均可用旧料改制。

单个桩靴胎架工装料统计如下:

1. 槽钢20#。

总长度:500 m;材质:Q235A。

2. 斜撑角钢。

尺寸:L100×100×10;材质:Q235A。

3. 扁铁。

尺寸:15×300;材质:Q235A;作为胎架模板。

桩靴胎架制作参见方形桩靴胎架制作"桩靴胎架图"。

要求支柱胎与胎板之间全部焊死。胎架的焊角建议均为6 mm。支柱胎应直接焊在地筋上,斜撑角钢可根据现场需要增设,胎架支设后,需检查胎架的相关尺寸,合格后方可上胎施焊。

胎架公差:

1. 胎架水平线:±1.5 mm。

2. 支柱、模板垂直度:±2 mm。

3. 胎架高度公差:±2 mm。

(三)组立要领

下底板上胎拼板完成后,按照图1-44做好相应的外底网络线及重要结构安装线。下底板按照地样线上胎定位。

安装整个桩靴的主要构件包括桩靴底板、顶板、环形壁板、隔板和120°大立板,其余构件为次要构件。如图1-45所示,主要构件的焊接大多需要全焊透,而且整个桩靴的钢板材质大多为高强度钢,所以整个装焊过程中,要按照相应的WPS进行焊接,注意控制焊接顺序,在焊接过程中要注意控制焊接变形,做到及时发现、及时修正,以保证其精度。

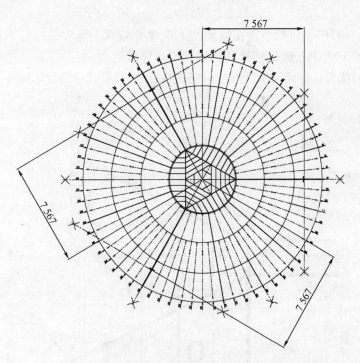

图1-44　下底板上胎拼板完成后在其上画出构件安装线

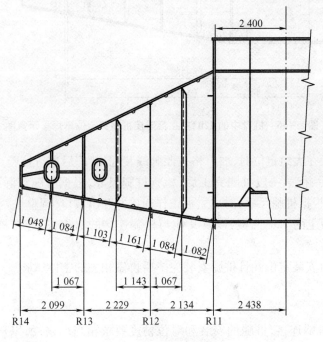

图1-45　安装桩靴构件

　　桩靴构件安装原则为全部散上。现场可根据具体情况,可以将部分接板工作提前完成。底部板架上胎后安装加强筋及隔板,顶板压型后全部散上。桩靴中间的圆筒可中组后上胎大组。其他未作说明的部分请参见桩靴结构图所示。

注意事项：

1. 如图 1 – 46 所示，桩靴中连接桩腿的 120°主立板在上胎安装时要严格控制主尺寸，先定位不焊接。120°主立板待桩靴其他构件焊接完成后，再根据实际尺寸进行调整焊接；89 mm厚齿条对接板在桩腿建造阶段与桩腿连接安装，桩靴建造阶段不安装。

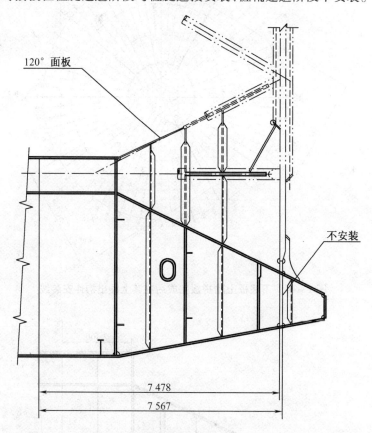

图 1 – 46　桩靴中的 120°主立板连接桩腿只定位不焊接示意图

2. 120°主立板在大组定位时，要严格按照画线装配，装配后进行校验。

3. 桩靴完工后，待第一段桩腿完工后，检查桩腿尺寸，根据桩腿实际尺寸，对桩靴主立板进行调整，同时根据桩腿尺寸，对主立板正作连接并开出坡口，调整桩腿与主立板焊接。

4. 120°主立板上的 120°面板，以及其他与桩腿连接的肘板，都应在桩靴与桩腿合龙完成后进行装配焊接。

5. 桩靴待船台安装定位并且桩腿安装完毕后再做相关的密性试验。

四、公差要求

由于桩靴和桩腿连接，桩腿的安装和对位精度要求相当严格，所以从桩靴的建造阶段开始，就应该对桩靴的主尺度和关键部位尺寸（尤其是 120°角度网络线处的尺寸，即桩腿安装处）进行严格的控制。

桩靴完工后，需对其进行完工检测，建造公差要求如下：

1. 桩靴半径公差：±3 mm。

2. 桩靴高度公差：±1 mm。

3. 中心圆筒半径公差：±3 mm。

4. 中心圆筒围壁垂直度公差：±1.5 mm。

5. 桩靴水平度公差：±5 mm。

6. 顶板与底板中心点同心度：±1 mm。

7. 120°主立板对角线公差：±3 mm。

8. 120°主立板与中心圆筒120°线对位公差：±1 mm。

9. 120°主立板垂直度公差：±2 mm。

10. 120°主立板与桩腿对位公差：±1 mm。

注意：桩靴中主要构件的对位公差、某些构件的角度公差等可参考相关规范中所提的相关公差要求。

五、完工画线

桩靴建造完工后，根据已做好的地样线，使用经纬仪在桩靴底板及盖板上做出桩靴中心点及120°基准线、侧向高度基准线（水平腰线），以供桩靴定位时使用，如图1-47所示。

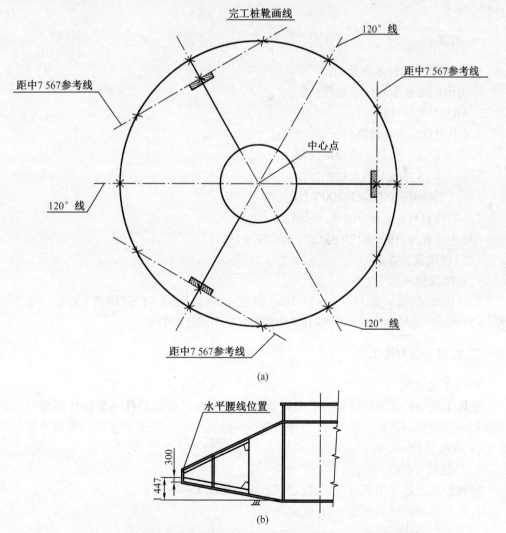

图 1-47 桩靴建造完工后把地样线画在桩靴底板和上盖板上示意图

六、桩靴在船台定位和检测

1. 桩靴分段制作完成后,拆除胎架吊运至船台合龙定位,重新检验桩靴上的定位基准线与船台地样线的对位情况,同时控制桩靴定位的水平状态。桩靴上基准线与地样线对位偏差要求不大于 1 mm,水平高度偏差不大于 5 mm。

2. 桩靴分段在合龙定位完成后,用工装将桩靴与地面连接牢固,防止定位尺寸发生变化。

3. 桩靴定位合龙后,进行围井分段以及其他主船体分段吊装合龙。待所有主船体分段合龙完成后,需将桩靴 120°地样线反画到围阱分段的主甲板上,作为升降装置的甲板画线依据。待升降系统甲板画线完成后,才能进行桩腿的合龙定位。

任务五　方形桩靴建造工艺

一、概述

(一)桩靴设计技术规范

1. 美国船级社平台建造规程。

2. ABS 焊接与材料规范。

3.《中国造船质量标准》。

4. 美国焊接协会制定的焊接规程。

5. 船东提供的施工图及相关标准。

(1)无损检查:100% MT,100% UT。

(2)主体材料:AH36,DH36,EH36。

(3)主体板厚:10 mm,14 mm,30 mm,40 mm。

(二)桩靴设计参数

1. 桩靴数量:4。

2. 结构尺寸:长×宽:11.7 m×11.7 m。高度:1.5 m(本体) +1 m(圆筒 +隔板) =2.5 m,如图 1 −53 所示。总结构净重:126.88 t(单个桩靴),其中圆筒 6.43 t。

二、桩靴分段制造工艺

(一)工艺流程

整体正造→搭建凹形胎架→下底板装配→安装中间筒体组件→装焊外围板→装焊纵向筋板→装焊横向筋板→舾装件(含冲桩管)→除锈涂装→安装上盖板→翻身焊接→喷砂涂装→ 密性试验→交验

(二)桩靴分段

桩靴分段制造采用正造方式,桩靴凹形胎架如图 1 −48 所示。

1. 胎架底部画线必须完毕,并交验合格。

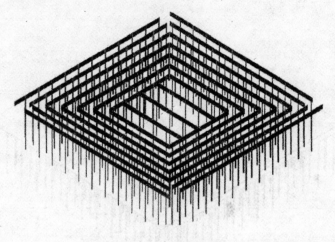

图 1 –48 胎架制作图

2.桩靴位置处的地样线应包括主要结构的投影线(横向、纵向立板位置线)、桩靴中心点(图 1 –54)。设置支胎高度基准线,然后支胎。胎架以地样线为基准进行支胎。

3.胎架采用支柱胎。建造时以桩靴的下底板为胎。下底板下料压型后,参照桩靴结构施工图纸将下底板上胎进行拼板。支柱采用 20# 槽钢,支柱胎下采用加角钢进行斜撑。槽钢和角钢均可用旧料改制。

4.要求支柱胎与胎板之间全部焊死。胎架的焊角建议均为 6 mm。支柱胎应直接焊在地筋上,斜撑角钢可根据现场需要增设,胎架支设后,需检查胎架的相关尺寸,合格后方可上胎施焊。

5.胎架公差。

(1)胎架水平线: ±1.5 mm。

(2)支柱、模板垂直度: ±2 mm。

(3)胎架高度公差: ±2 mm。

(三)下底板装配过程

1.下料:放样、号料采用数控切割下料和开坡口。

2.装配如图 1 –49 所示。

3.下底板由多块钢板拼接而成,如图 1 –50 所示。

(1)下底板板 A – P2 – <2> 与下底板板 A – P2 – <4>埋弧焊→翻身埋弧焊→校正。

(2)下底板板 A – P2 – <1> 与下底板板 A – P2 – <3>埋弧焊→翻身埋弧焊→校正。

(3)下底板板(A – P2 – <2> <4 >)与下底板板(A – P2 – <1> <3 >)埋弧焊→翻身埋弧焊→校正。

(4)4 块下底板板(A – P2 – <1> – <4 >)上胎、定位后,中心板(A – P3 – <2 >)、角板(A – <5 >J)焊接。

(5)整体翻身焊接→校正。

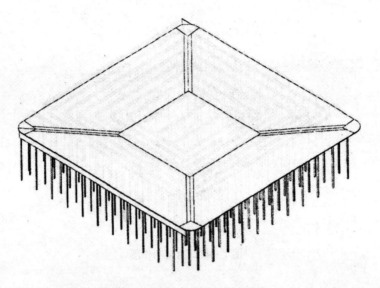

图 1 – 49　下底板装配上胎定位

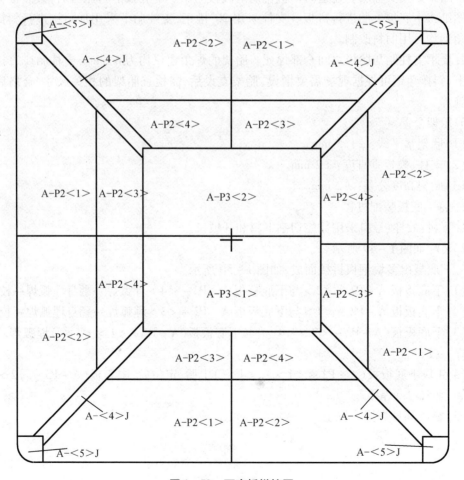

图 1 – 50　下底板拼接图

4.交验如图 1-51 所示。

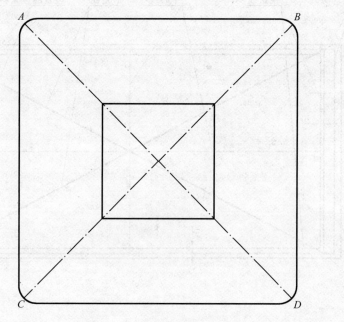

图 1-51　下底板交验项目图

交验项目如下：

(1)对角线之差 $|AD-BC|\leqslant 5$ mm。

(2)下底板宽度(AC,BD,AB,CD)：±3 mm。

(3)下底板外围周长：±10 mm。

(4)对边平行度：AB 与 CD,AC 与 $BD\leqslant 2$ mm。

(5)上(下)口水平度$\leqslant 2$ mm。

(6)高度：±1 mm。

(7)坡口角度公差：±2°。

(8)错边量$\leqslant 1.5$ mm。

5.在下底板上画出桩靴中心位置线,横向、纵向立板位置线。

(四)中间筒体制作工艺

1.画线

考虑到来料板边的直线度以及板边表面质量,必须对来料的板边进行一次切割。根据来料的宽度尺寸及表面质量,确定切割量,然后进行切割。钢板上画线要求如图 1-52 所示。

(1)钢板上画线。

(2)画线要求。

画线精度(测量线中)：±0.5 mm。各线均要求用样冲打眼作为标记,冲眼深度要在 0.3～0.5 mm 之间。冲眼相对于线条的偏差不大于 0.5 mm。

(3)画线检查。

切割、刨边下料前,质管部门必须对画线结果进行检验,然后才能加工。零件画线偏差要求见表 1-6。

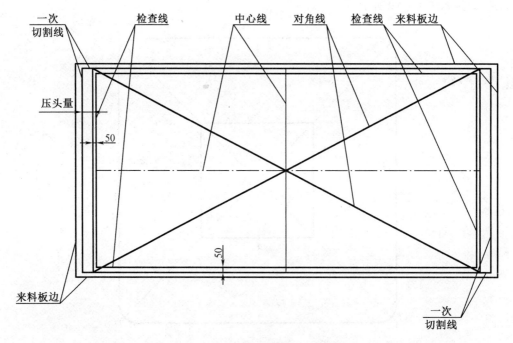

图 1-52　中间筒体钢板上画线

表 1-6　筒节板零件画线偏差要求

检查项目		偏差	示意图
矩形板	板宽 AC,BD,EF	±1.5 mm	
	板长 AB,CD	±1.5 mm	
	对角线之差 |AD-BC|	≤3.0 mm	
	直线度　AC,BD	≤1.0 mm	
	直线度　AB,CD	≤2.0 mm	
	坡口角度	±2°	

2. 下料

(1)切割采用数控火焰切割机或高精度门式切割机进行下料。

(2)开制坡口。

采用火焰切割开制筒节板坡口,打磨至金属色并进行100%MT探伤,坡口角度偏差为±2°。

凡火焰切割和碳弧气创的割口均要打磨到金属色,确认其表面不得有裂纹、分层、夹杂等缺陷。切割面不能有超过2 mm深的缺口。如偶有深度超过2 mm的缺陷时要进行补焊,然后用砂轮打磨光滑。采用碳弧气刨方法清根,打磨后的坡口应圆滑,深度及宽度均匀,呈U形,最底部的不平度≤2.0 mm,刨槽内不得有烧穿现象。

(3)号料时,逐件进行标记移植,并经检验确认后,才能下料切割。

3. 卷板

(1)压头。

筒体板压头在2 500 t油压机上进行,然后用曲率与筒体半径相同的内卡样板进行检查,其间隙要求≤1.0 mm。

（2）净料。

宽度方向和长度方向已经净料,长度方向压头,同时两端要开制坡口,具体要求如下:

①纵缝坡口形式:呈U形。

②切割坡口的角度公差为±2°。

③表面粗糙度要求不大于50 μm。

④切割面不能有超过2 mm深的缺口,如偶有深度超过2 mm的缺陷时要进行补焊,然后用砂轮打磨光滑。

（3）弯板。

采用三辊弯板机将筒体板弯制成型,然后采用曲率与筒体相同、弦长大于1 500 mm的内卡样板检查,其间隙要求≤2.0 mm。

（4）标记复制。

筒体板冷弯后,对钢板原标记(中心线、检查线)进行复制,使其清晰可见。

（5）交验。

交验时需有尺寸检查记录,交验项目包括筒体的外形尺寸、样板和地样线与筒体板的间隙等。

交验项目如下:

①筒节板与样板间隙≤1.0 mm(样板弦长=1 500 mm)。

②筒节母线直线度≤1.0 mm。

③筒节端面与平台的间隙≤1.0 mm。

④筒节板垂直度≤1.0 mm。

⑤曲率板加工成型后表面应光顺,无起皱和明显压痕。

⑥压痕深度≤0.5 mm,但须圆滑过渡。

（6）筒体整体装焊成型。

装焊内部筋板。

（五）中间筒体组合件上胎架定位

如图1-53所示。

（六）在下底板装配横向、纵向筋板

如图1-54所示。

（七）上盖板装配过程

1.下料:放样、号料。

采用数控切割下料和开坡口。

2.装配:上盖板是多块钢板拼接而成,如图1-55所示。

（1）上盖板板A-P2-<2>与上盖板板A-P2-<4>埋弧焊→翻身埋弧焊→校正。

（2）上盖板板A-P2-<1>与上盖板板A-P2-<3>埋弧焊接→翻身埋弧焊→校正。

（3）上盖板板(A-P2-<2><4>)与上盖板板(A-P2-<1><3>)埋弧焊接→翻身埋弧焊→校正。

（4）4块上盖板板(A-P2-<1>~<4>)上胎、定位后,与过渡板(A-<4>J)、中心板(A-P1-<1>~A-P1-<4>)、角板(A-<5>J)焊接。

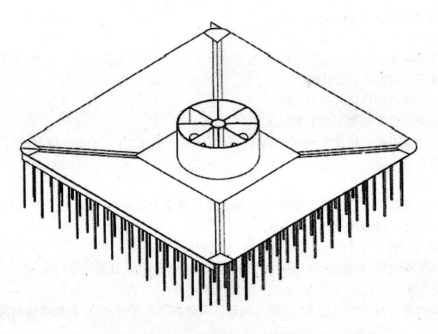

图 1 – 53　中间筒体组合件上胎架定位

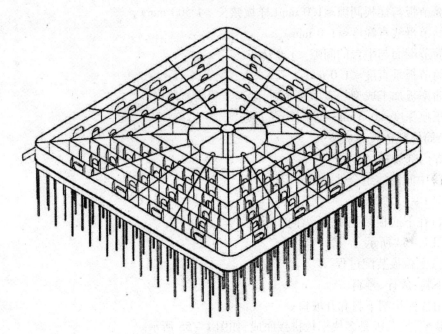

图 1 – 54　装配横向、纵向筋板

(5)整体翻身埋弧焊→校正。

3. 交验如图 1 – 56 所示。

交验项目如下:

(1)对角线之差$|AD-BC|\leqslant 5$ mm。

(2)下底板宽度(AC,BD,AB,CD):±3 mm。

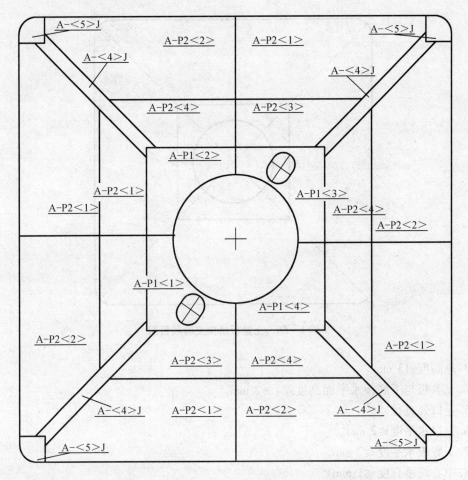

图 1-55 上盖板拼接

（3）下底板外围周长：±10 mm。

（4）对边平行度：AB 与 CD，AC 与 BD≤2 mm。

（5）上（下）口水平度≤2 mm。

（6）高度：±1 mm。

（7）坡口角度公差：±2°。

（8）中心孔圆心与对角线（AD 与 BC）交点位置偏差。

（9）错边量≤1.5 mm。

（八）翻身焊接

略。

（九）密性试验

略。

（十）交验

交验项目如下：

1. 中心筒上口外周长。

2. 中心筒上口圆度（Domax - Domin）≤6 mm。

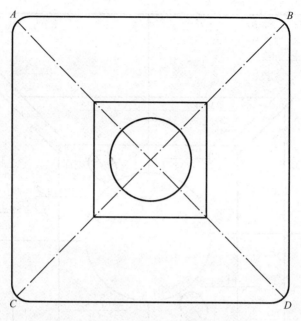

图1-56 上盖板拼接交验项目图

3. 总高度:13 mm。

4. 上盖板与下底板水平面高度差:±2 mm。

5. 上口外直径。

6. 上口水平度≤2 mm。

7. 下底板水平度≤2 mm。

8. 中心筒垂直度≤1 mm。

9. 坡口角度公差:±2°。

10. 错边量≤1.5 mm。

任务六　悬臂梁建造工艺

一、概述

如图1-57所示,悬臂梁位于该钻井平台艉部甲板上,是钻塔、钻台、钻台塔底座等的承载结构。悬臂梁本体为箱形结构,长度为29.2 m,箱形主梁中心距为18.08 m,高度约为8.54 m/12 m(主梁/钻台区)。箱形结构主体为两层,悬臂梁上部为堆场甲板和底部甲板,中部设为三层。钻杆堆场甲板梁拱为100 mm。悬臂梁在使用过程中,设计要求它能承载着包括钻塔等钻井设备最大外伸18.472 m,钻台左右横向移动各3.6 m。悬臂梁7001舵段上面安装钻台横向轨道,7002段的艉部和7002,7003段的上部安装钻杆堆场,悬臂梁的所有材质均为E36材质,悬臂梁纵梁的厚度自艉向艏分别为26 mm,30 mm,45 mm,30 mm,26 mm,共涉及三种厚度。

悬臂梁艉部为单层开式结构,悬臂梁前部也为开式结构。设有液压移动装置和锁紧固定装置。悬臂梁外下侧各设一排移动用销孔。悬臂梁下部设有锁紧装置,悬臂梁结构如图

1 - 58 所示。悬臂梁前端设有销孔,如图 1 - 59
所示,在拖航时可以用销子进行固定。

二、悬臂梁建造技术要求

1. 悬臂梁上、下面板两侧平行度为 4 mm,
表面的平面度为 2 mm,直线度为 5 mm 且满足
0.5 mm/2 m,两轨道间的平行度为 4mm 且满
足 0.5 mm/1 m。

2. 悬臂梁下面板精度(图 1 - 59)。
(1)面板横向倾斜度公差≤1 mm。
(2)面板焊后不平度公差≤1 mm/1 m。
(3)面板宽度公差: - 1 mm ~ - 1.5 mm。
(4)面板厚度公差: ±1 mm。

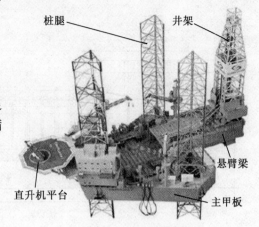

图 1 - 57　自升式钻井平台

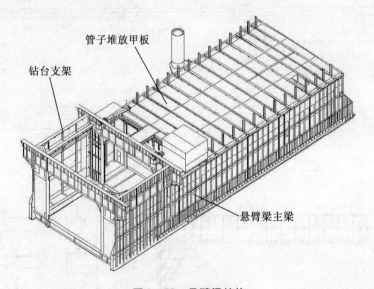

图 1 - 58　悬臂梁结构

通过以上公差可以看出,悬臂梁的建造精度要求非常严,为此特制订本工艺规程,施工
单位必须严格依此执行。

3. 钢板预处理滚压、校平,要求上、下面板必须校平,见表 1 - 7。

表 1 - 7　钢板下料预制精度要求

板厚范围/mm	标准范围/mm	许用极限/mm
3 < t ≤ 8	≤2.0	≤3.0
8 < t ≤ 12	≤1.5	≤2.0
t > 12	≤1.0	≤2.0

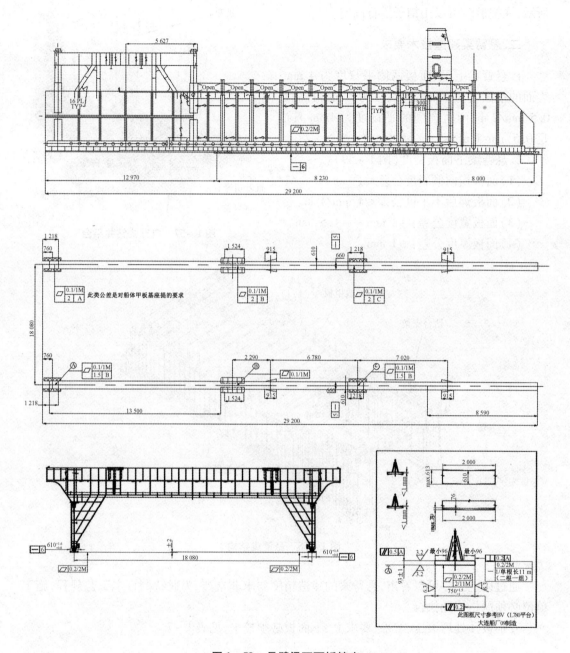

图 1-59　悬臂梁下面板精度

4.零件画线尺寸偏差见表1-8。

表1-8 零件画线尺寸偏差

项目		标准范围	极限	备注
长度		±2.0	±3.0	
宽度		±1.5	±2.5	
对角线		2.0	3.0	指矩形板
曲形外形		±1.5	±2.5	
直线度	$L \leqslant 4$ m	≤1.0	≤1.2	指零件的直线边缘
	4 m$\leqslant L \leqslant 8$ m	≤1.2	≤1.5	
	$L > 8$ m	≤2.0	≤2.5	
角度		±1.5	±2.0	以每米计
开孔切口		≤1.5	≤2.0	
线条宽度		<1.0	<1.5	

注:公差仅针对一般构件,关键构件的公差要以第二条悬臂梁特指的公差为准。

三、建造原则

本悬臂梁结构质量约415 t,悬臂梁分为三段建造,分别为7001,7002 和7003 段,质量分别为197 t,110 t和108 t。另按详细设计的要求,悬臂梁面板要与纵壁板错开1 m,所以如图1-60所示,从中可以看出悬臂梁上、下面板在合龙缝位置错开1 m。

将7001,7002 和7003 段左右舷分别建造:三个段的腹板沿板缝分开,分别与上、下面板焊接,组成两个段。待探伤合格报完验后上、下段合龙,装两侧型材,如图1-60所示。

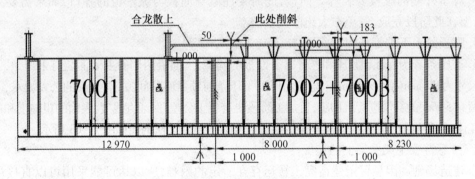

图1-60 悬臂梁侧面图

四、悬臂梁主梁的装配

悬臂梁主梁是箱形梁,如图1-61所示。

(一)上、下面板的拼接

面板采用多头切割下料,切割宽度、对接处坡口形式按下料图纸进行。下面板在胎架上进行对接,胎架结构如图1-62所示。对接间隙按WPS进行,采用马板固定,平整度采用经纬仪进行检测,直线度采用0.5 mm拉钢丝进行检测,焊接按焊接工艺进行,过程中要保证平整度与直线度,对接口采取从中间到两侧的顺序焊接,焊接过程中要监测下面板的平面度和直线度,并保证在公差范围内。焊接一道口,直线度满足要求后才能焊接下一道口。下面板宽度公差为 −1~4 mm,下面板宽度方向翘曲度公差为 0~2.5 mm,下面板平直度公差不大于 3 mm/10 000 mm,总变形量不大于 12 mm。下面板纵向直线度公差为 3.3 mm/10 000 mm,总变形量不大于 11.3 mm。检测与监测数据填入测量表格。测量合格后,画出立板中心线、V 板理论线与检查线,将立板中心线返到面板下缘打上样冲标记。

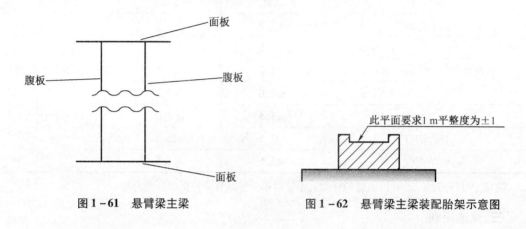

图 1−61　悬臂梁主梁　　　　　　图 1−62　悬臂梁主梁装配胎架示意图

(二)腹板板的拼接

以腹立板为胎预制,拼板要保证平面度不大于 4 mm,拼焊结束后画出构件线。

1. 主梁的两个腹板,每个腹板两侧都有结构,一侧是 T 型材结构,一侧是角钢。

2. 制作时要先以装有 T 型材一侧为胎,焊接完另一侧的角钢,然后翻身,以装焊有角钢一侧为胎,焊接另一侧的 T 型材结构。

3. 对于外侧的腹板要装焊导向板,此时要注意导向板与纵壁板的齐口,如果需要火工矫正,要在此阶段完成,避免在大组阶段实施。

4. 腹板的上下端都采用双面坡口。

5. 下压条。为保证锁紧座和悬臂梁下面板的间隙,下面板两侧的上表面装有下压条,下压条的尺寸为 80 mm(高)×50 mm(宽),为保证下压条与锁紧座的间隙 3_0^{+1} mm 的公差要求,下压条要留有 5 mm 的补偿进行机加工,机加工阶段要避免正公差,保证直线度、表面的粗糙度和端面的方正度,压条机加工后于悬臂梁主梁大组阶段安装。悬臂梁横剖面如图 1−63 所示。

(三)悬臂梁主梁胎架上的装配

1. 建造场地。因悬臂梁建造完工转运存在一定的困难,所以尽可能采用可以直接吊装合龙的位置建造,减少转运。建造场地要平整,尽可能使用水泥地面。

2. 一个悬臂梁分段,尽可能由一个施工单位施工,以保证它们的装配和焊接方法相同,减小变形。

3. 画胎心线。悬臂梁大组是以下面板为胎,胎心线是以悬臂梁中心为基准,再分别向左右拉尺 9 040 mm,做出两条下面板的中心线,以中心线为基准转角 90°,画出悬臂梁艏艉方向的定位基准。每条线的直线度以及三条线的平行度均在控制在 1 mm 以内,转角线控制也要在 1 mm 以内。

4. 支胎要保证纵向的水平度控制在 1 mm 以内,横向的水平度控制在 0.5 mm 以内,还

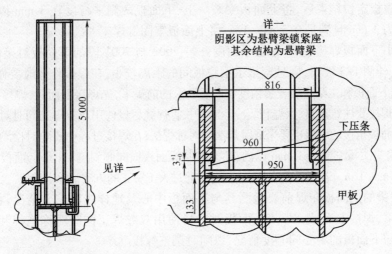

图1-63　悬臂梁横剖面图

要保证有足够的强度。

5.下面板上胎。下面板上胎后与地样线的纵横向偏差控制在1 mm以内,施工单位要根据经验考虑留有一定的反变形,以保证纵向平面度,然后进行牢固封焊,在下面板上做出中心线和纵壁腹板的结构线及100 mm检查线。沿下面板边缘拉重力钢丝,以备随时检测变形情况,及时采取措施。

6.悬臂梁腹板上胎。

(1)为便于两块腹板在下面板上的定位和安装,在下面板上提前焊接腹板上胎的挡铁,然后将两块腹板分别上胎。

(2)腹板上胎和定位过程中,务必注意安全,尽早采取加封绳或加斜支撑的办法,既要保证腹板的上胎安全,又要保证腹板定位的精度,主要是要调整好垂直度和同面度。

(3)图1-64是主梁腹板上胎的支架设置示意图,现场可根据实际情况调整支架的形式。腹板的定位精度调整好后,要对其进行封固。

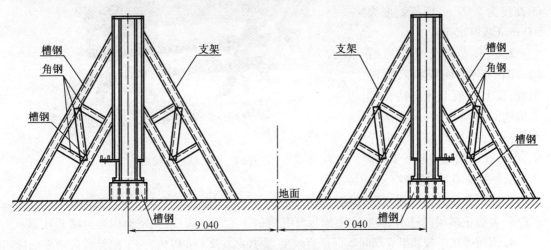

图1-64　悬臂梁建造横剖面示意图

7. 主梁腹板定位结束后,将上面板安装。上、下面板两侧平行度在 3 mm 以内,两轨道间的平行度为 3 mm 且满足 0.5 mm/2 m,将上面板牢固钉焊。

8. 为减小下面板焊接变形,保证平面度公差,7002 与 7001 段的下面板对接坡口仍为内侧 2/3 坡口、外侧 1/3 坡口,因悬臂梁主梁腹板间的距离较小,在焊接作业时要做好通风。

9. 在上、下面板和主梁腹板安装精度都满足要求的前提下,先焊接下面板,焊接要满足 WPS 的要求,厚板焊接要注意预热、保温和缓冷。对于长直焊缝尽量使用双数焊工同时对称施焊的方法,下口与下面板角接的肘板也要采取跳焊法和对称焊法,在焊接过程中要随时检测上面板与下面板的中心偏差,尽量控制在 2 mm 以内;还要控制好面板横向倾斜度≤1 mm,面板焊后纵向不平度公差≤1 mm/1 m。若焊后仍有超差变形,应通过火工矫正的方法消除。

10. 悬臂梁的上面板在焊前要检测其与下面板中心及地样线的偏差情况,在保证公差范围的前提下,焊接上面板。焊接上面板时尽量使用双数焊工同时对称施焊和跳焊法,仍要注意检测与下面板的中心同心度情况,以随时调整焊接顺序。

11. 在检测上、下面板的公差均在公差范围内的前提下,安装和焊接下压条,保证下压条与悬臂梁的焊后高度为 130^{0}_{-10}。

12. 在悬臂梁两个纵桁胎上焊接完成且各项数据满足要求后,尤其是要保证纵桁距中 9 040 的数值,然后分别将 7001 段上的钻台下横梁和 7002 + 7003 段上的钻杆堆场上胎安装。吊装时要轻轻放置,尽可能减少与纵向梁撞击,避免数据变化。吊装结束后,重新检测悬臂梁纵向梁上、下面板与地样线的偏差,使其调整在公差范围内后焊接,在焊接期间,仍然要不断检测和调整整个分段的精度。

13. 分段建造完工后要结合“分段完工检测表”的检测项目进行检测和交检。

五、钻台支架装配

钻台支架合龙前,每个梁分别预制完成,按相对位置定位点焊,调整并焊接完成钻台支架。钻台支架结构如图 1 - 65 所示。

钻台支架梁装配步骤如下:

1. 钻台支架总宽度为 20 m,高度为 2.09 m,面板宽度为 500 mm(板厚 45 mm)。

2. 钻台支架梁是箱形结构,即由上、下面板和双腹板组成,在上面板上开出钻台行走机构的导向孔,为保证该开孔的精度,要用数控切割机开出,保证孔的间距控制在 1 mm 以内,为保证孔的光洁度,孔的内部要用砂轮打磨光滑。

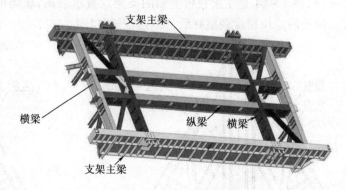

图 1 - 65　钻台支架结构

3. 为防止横梁内进水腐蚀,在上面板开孔处的下表面加腹板,并密封焊接封堵开孔。

4. 该横梁在拼板和组立期间要保证直线度,要控制在 2 mm 以内,完工的轨道表面平面度要控制在 2 mm 以内,两轨道间平行度控制在 4 mm 内。

5. 每根横梁都分两段中组,以下面板为胎,将两腹板分别上胎定位并封固后再安装上面板,横向支座的安装要参照船体结构图纸及栖装图纸,要先套上支座之后再封板。

6. 各项数据合格后进行焊接,焊接按照 WPS 规定执行,焊接结束后要交检验收。

六、钻杆堆场甲板的装配

钻杆堆场甲板结构如图 1 - 66 所示。

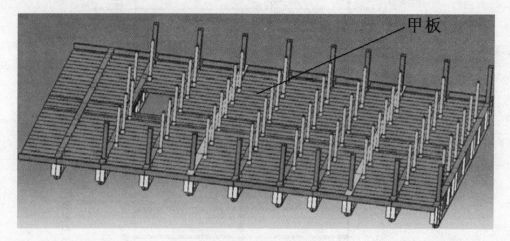

甲板

图 1 - 66　钻杆堆场结构

1. 钻杆堆场是由预制的工字梁和夹在工字梁中的堆场甲板组成。

2. 钻杆堆场按照悬臂梁分段划分的大致位置,将其划分成艏、舯、艉三段,艉部和舯部宽度为 19. 5 m,艏部宽度为 22 m。

3. 7002 + 7003 段上的钻杆堆场,均分左右两片建造,以堆场工字梁的下面板表为胎架,用正造法,胎架水平控制在 1 mm 以内,工字梁和其所夹的堆场甲板依次上胎。

4. 堆场甲板首先要检查板的平整度,超差较大时,必须进行校平,焊接时要控制焊接变形;堆场甲板板厚为 6. 5 mm,上中组胎前,要提前将纵骨焊接完成。为避免变形,要广泛使用分段跳焊法和退焊法,焊接后完成火工矫正工作。

5. 钻杆堆场横梁水平度要控制在 3 mm 以内,但是与悬臂梁上面板相连的焊接部位的横梁下表面水平面要控制在 1 mm 以内。

6. 钻杆堆场的套筒属于栖装件,要在结构上安装。

7. 堆场的左右两片制作完成后加槽钢加固后,再吊装对接,对接时将整体水平度调整在 5 mm 以内,悬臂梁上方横梁水平度要控制在 2 mm 以内。

8. 7001 段上的堆场下面因为没有横梁,所以建造时要以其甲板面为胎分两片建造,根据其结构的特点,将其安排在悬臂梁全部合龙结束后分两片散上。

9. 为便于 7001 段堆场甲板的合龙,已通知结构设计人员将艏口的纵骨削斜,还要求将其艉侧下面的高度限位肘板先焊接到钻台下艏横梁的前板面上;肘板在横梁上安装前要根据肘板的间距和堆场甲板的梁拱画线,装配时要按照线装配,避免与堆场甲板纵骨的错位和高度不同。

七、悬臂梁船台大合龙

(一)装配平台上画线

如图 1 - 67 所示。

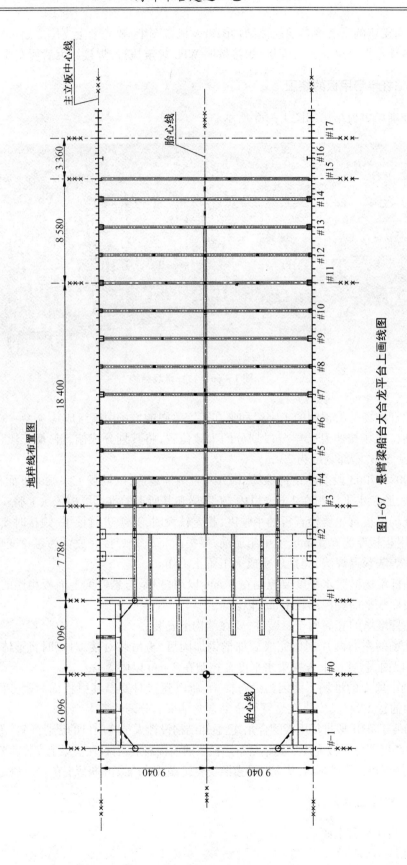

图1-67 悬臂梁船台大合龙平台上画线图

（二）悬臂梁船台大合龙

1. 因悬臂梁分段从横剖面来看是门字架结构，为避免吊装变形，分段完工数据交检合格后，在悬臂梁的下口横向焊接工字梁封固。

2. 在平台上画出左右距中 9 040 mm 的纵桁材位置线和检查线以及悬臂梁横向定位基准线，作为悬臂梁分段合龙的检验依据。

3. 除了锁紧装置基座外，其余的六个基座要在平台上照线装焊，保证安装精度，详见"悬臂梁支撑座安装方案"。

4. 为保证悬臂梁下面板合龙的水平度和平面度，在悬臂梁分段合龙前，要在平台甲板上多处焊接悬臂梁合龙下支撑，该支撑的上表面要依据六个基座所确定的基准面在同一水平面上，公差≤1 mm。

5. 首先进行 7002 + 7003 分段的合龙，因其是定位的基准段，所以各项精度公差要满足要求，中心偏差控制在 1 mm 以内。严格控制合龙定位公差，及时将合龙定位的测量数据反馈到工艺部门，以便能够及时发现问题并采取应对措施，由专人确认和签字后方可进行 7001 段的吊装合龙工作。

6. 7001 分段合龙。

（1）因悬臂梁锁紧座与下面板的下压条仅有 3 mm 间隙，如果将锁紧座先焊接到平台，7001 段很难合龙，为此，要先将锁紧座串到 7001 段下面板上，按照图纸上 7001 下面板舱口与锁紧座的相对位置进行加固，随 7001 段一起合龙；为方便锁紧座安装到甲板上，要事先在锁紧座周围的甲板上做出一定的开幅。但在合龙后不要急于焊接锁紧座，待悬臂梁称重结束后再焊接。

（2）7001 段合龙前仍要检测和控制好 7002 段后口的总宽度，控制在 4 mm 以内，吊装定位 7001 段时，检测悬臂梁下面板边缘的直线度（水平方向和垂直方向），保证两个段的直线度在 5 mm 以内且满足 0.5 mm/2 m；两轨道间的平行度为 4 mm 且满足 0.5 mm/1 m，两个段合龙后的长度控制在 ±6 mm 以内。

（3）定位结束后，仍要把合龙定位的测量数据反馈到工艺部门（以便能够及时发现问题并采取应对措施），由专人确认和签字后方可进行相应的焊接工作。

（4）为减少下面板焊接变形，保证平面度公差，7002 与 7001 段的下面板对接坡口仍为内侧 2/3 坡口、外侧是 1/3 坡口。两段合龙后内部纵壁已成密闭空间，焊接作业前要利用好在悬臂梁首、尾封板上提前开出的人孔，做好通风工作，防止事故发生。

（5）焊接要满足专船 WPS 的要求，厚板焊接要注意预热、保温和缓冷。

7. 分段合龙完工后要结合"悬臂梁合龙完工检测表"的检测项目进行检测和交检。

8. 分段交验结束后，做好探伤和补油工作。

（三）悬臂梁建造精度

悬臂梁建造精度很高，无论是在分段施工阶段还是在合龙阶段，数据出现超差时，现场施工人员要及时沟通解决，要及时寻求解决办法，以保证完工的精度。

任务七 平台升降装置与桩腿装配工艺

一、自升式平台桩腿升降装置总布置图

如图 1 - 68 所示。

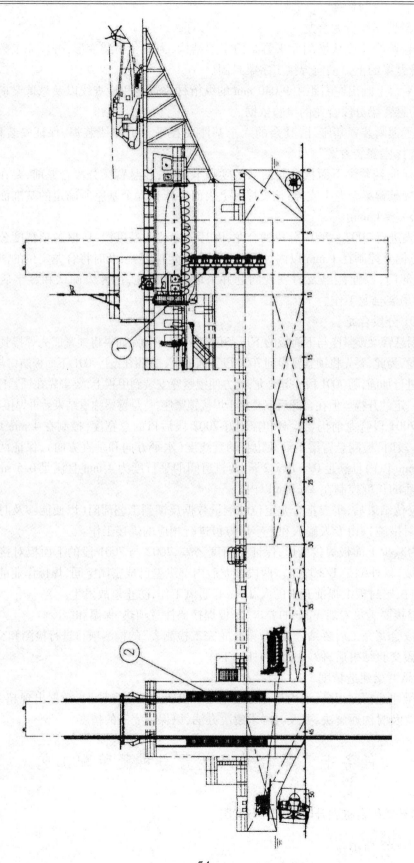

图1-68　自升式平台桩腿升降装置总布置图
①②—升降装置

(a)

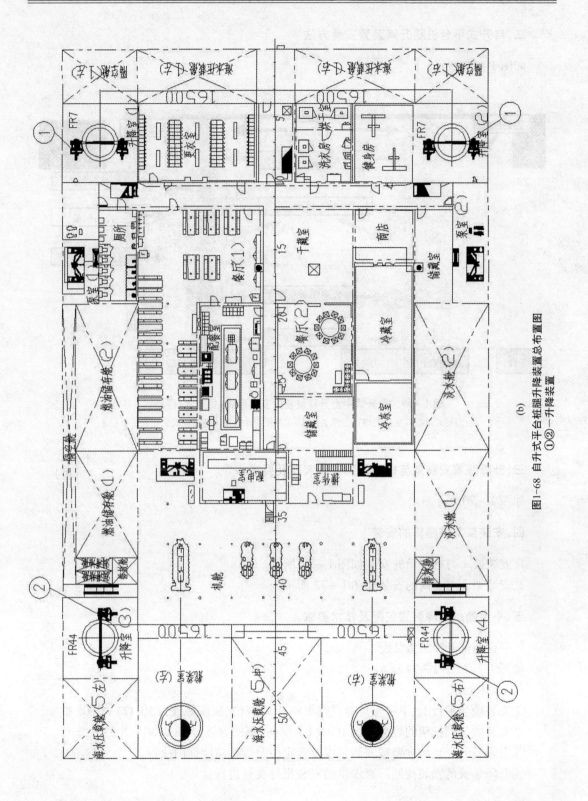

图1-68　自升式平台桩腿升降装置总布置图

①②—升降装置

(b)

二、自升式平台桩腿升降装置安装方法

如图 1 -69 所示。

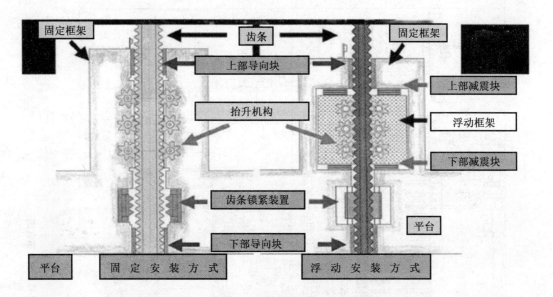

图 1 -69　自升式平台升降装置的安装形式(固定式、浮动式)

注:固定式是把固定框架焊在船体上,浮动式是把浮动框架用减震块安装在固定框架中

三、升降装置安装架与桩腿筒胎架安装图及要求

如图 1 -70 所示。

四、安装架与桩腿筒的安装

1. 安装架 1 与桩腿筒的安装如图 1 -71 所示。
2. 安装架 2 与套筒的安装如图 1 -72 所示。

五、平台艏艉升降装置装配及技术要求

1. 平台艏部升降装置装配。

如图 1 -73、图 1 -74 所示。

(1)技术要求

①安装橇与平台上、下甲板焊缝进行 100% UT 探伤,探伤等级为 JB 473—2005 Ⅱ级。

②安装橇与固桩架的焊缝进行 100% UT 探伤,探伤等级为 JB 4730—2005 Ⅱ级。

③安装橇的安装精度要按安装精度要求定位及焊接精度详图执行。

④升降系统的安装按照厂家提供的安装指导文件进行。

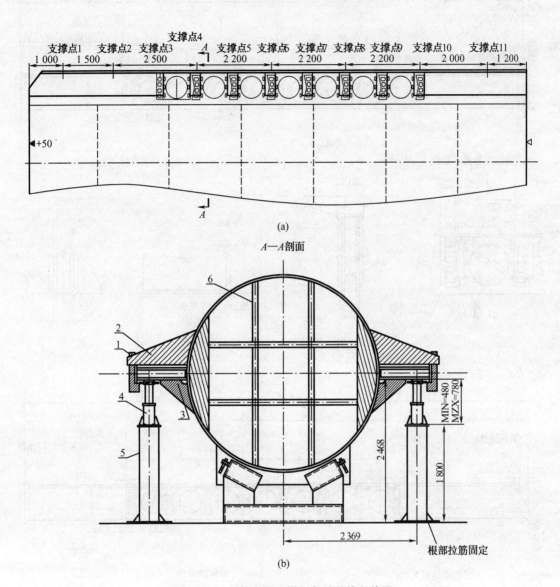

图 1 - 70 升降装置安装架与桩腿筒安装图

1—卡板 1;2—卡板 2;3—卡板 3;4—50T 螺旋墩;

5—钢制圆墩;6—支撑管(φ221×5)

说明:①钢墩底部固定,安装架 A 面禁止焊接操作,卡板仅和套筒外壁临时定位焊。

②支撑点位置与内部月牙板位置一致,保证支撑点与支撑架内部支撑台对位,此定位图两侧对称。③没有支撑台的位置卡板与支撑架的间隙用临时切块调整。

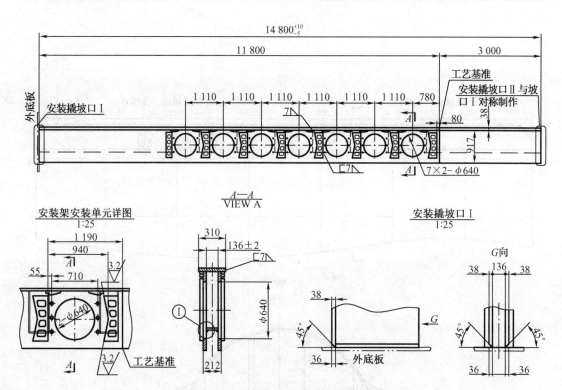

图1-71 安装架1与桩腿筒的安装图

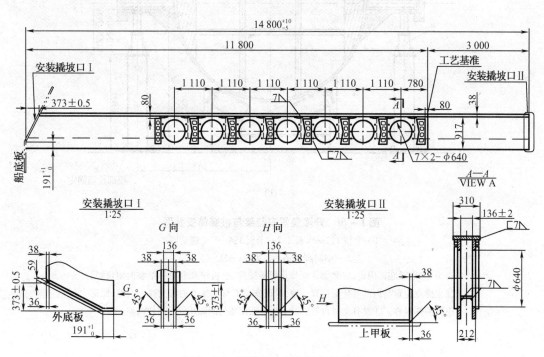

图1-72 安装架2与套筒的安装图

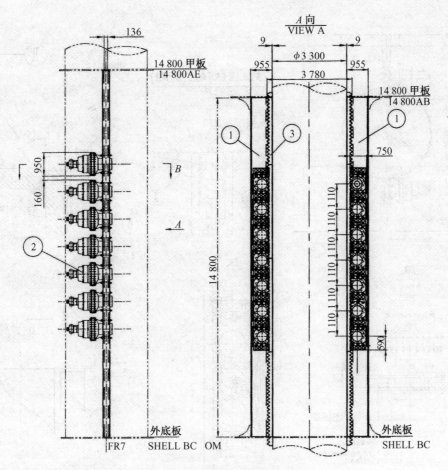

图 1 - 73 船首升降装置装配图 I
①—安装架1；②—驱动单元；③—齿条

（2）升降系统性能技术参数

见表 1 - 9。

表 1 - 9 升降单元技术参数

	每个升降单元	每个桩腿
正常升降（齿条上产生的垂直推力）	100 t	1 400 t
预压载升降（齿条上产生的垂直推力）	140 t	1 960 t
风暴支持（齿条上产生的垂直推力）	200 t	2 800 t
升降速度	平台升降：约 0.6 m/min	

2．平台艉部升降装置装配。

如图 1 - 75、图 1 - 76 所示。

（1）技术要求

①安装橇与平台上、下甲板焊缝进行 100% UT 探伤，探伤等级为 JB 473—2005 Ⅱ级。

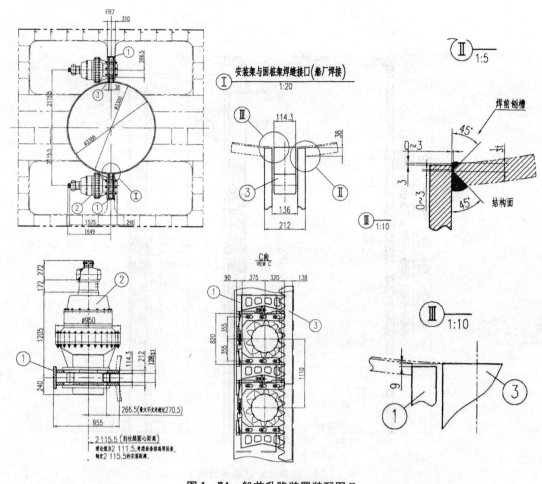

图 1-74 船首升降装置装配图 Ⅱ
①安装架 1;②驱动单元;③齿条

②安装橇与固桩架的焊缝进行 100%UT 探伤,探伤等级为 JB 4730—2005 Ⅱ 级。

③安装橇的安装精度按安装精度要求定位及焊接精度详图执行。

④升降系统的安装请根据厂家提供的安装指导文件进行。

(2)升降系统性能技术参数

见表 1-10。

表 1-10 升降单元技术参数

	每个升降单元	每个桩腿
正常升降(齿条上产生的垂直推力)	100 t	1 400 t
预压载升降(齿条上产生的垂直推力)	140 t	1 950 t
风暴支持(齿条上产生的垂直推力)	200 t	2 800 t
升降速度	平台升降:约 0.6 m/min	

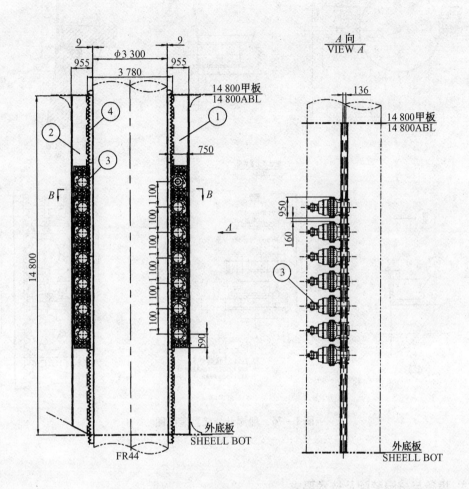

图 1-75　船尾升降装置装配图

①—安装架 1；②—安装架 2；③—驱动单元；④—齿条

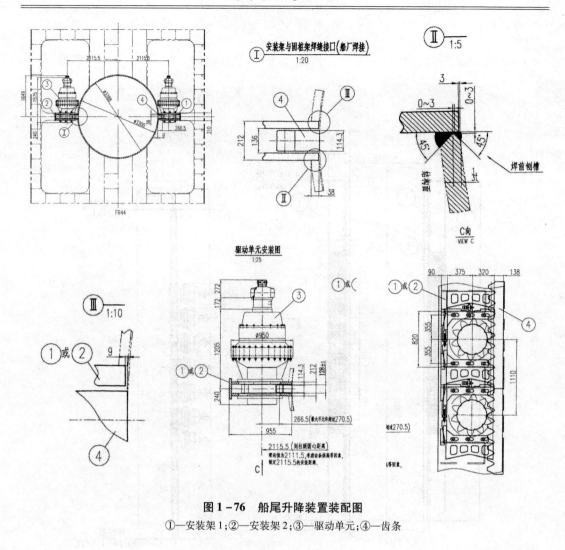

图 1-76　船尾升降装置装配图
①—安装架 1;②—安装架 2;③—驱动单元;④—齿条

六、齿条与桩腿装配及技术要求

如图 1-77 至图 1-81 所示。

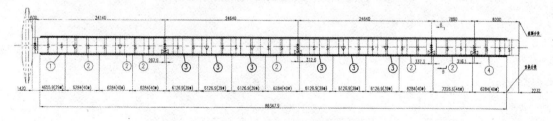

图 1-77　齿条与桩腿装配图焊缝
①—齿条 1;②—齿条 2;③—齿条 3;④—齿条 4

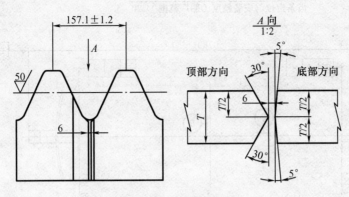

图 1-78　齿条对接焊缝

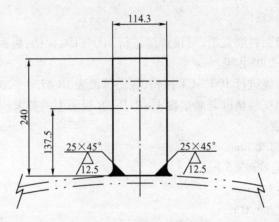

图 1-79　齿条桩腿焊缝

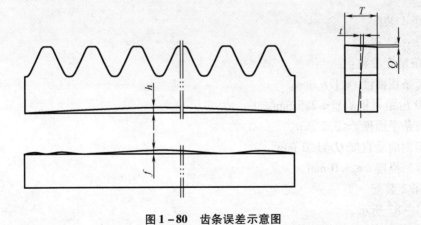

图 1-80　齿条误差示意图

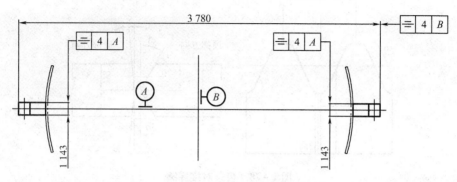

$B—B$

齿条定位与安装精度（船厂范围）1:20

图 1 –81　齿条定位与桩腿安装精度图

1. 要求

（1）齿条对焊缝齿面打磨光滑,对接焊缝进行 100% UT 探伤,齿面进行 100% UT 探伤,探伤等级为 JB 4730—2005 II 级。

（2）齿条与桩腿焊缝进行 100% UT 探伤,探伤等级为 JB 4730—2005 II 级。

（3）齿条的定位与安装精度需满足图 1 –81 $B—B$ 视图中的要求。

2. 单齿条精度参数

（1）齿条扭曲度≤1.6 mm。

（2）10 齿距累积偏差≤2.5 mm。

（3）齿条平面度≤3.2 mm。

（4）切割面垂直度≤1.0 mm。

（5）齿条挠度≤3.0 mm。

七、齿条装配焊接及技术要求

1. 齿条 1 装配。

如图 1 –82 所示。

单齿条精度参数:

（1）齿条扭曲度 t≤1.6 mm。

（2）10 齿距累积偏差≤2.5 mm。

（3）齿条平面度 f≤3.2 mm。

（4）切割面垂直度 Q≤1.0 mm。

（5）齿条挠度 h≤3.0 mm。

2. 齿条 2 装配。

如图 1 –83 所示。

单齿条精度参数与齿条 1 装配要求相同。

3. 齿条 3 装配。

如图 1 –84 所示。

单齿条精度参数与齿条 1 装配要求相同。

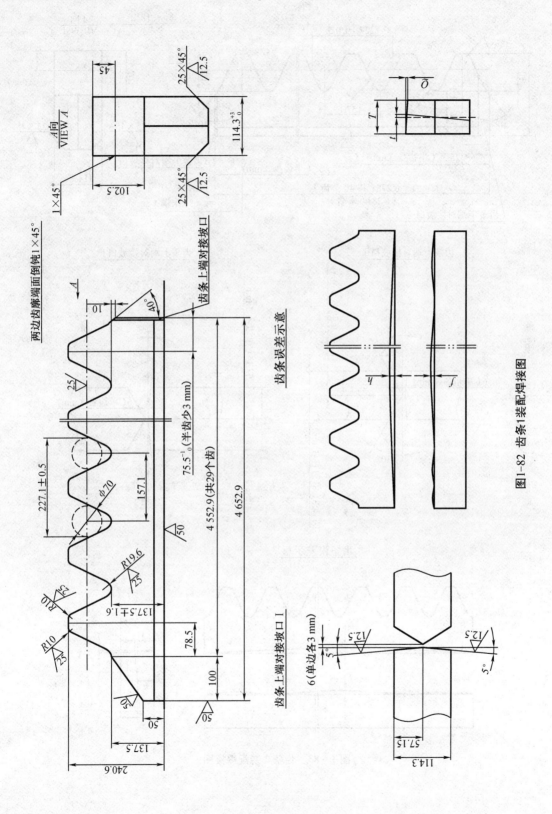

图1-82 齿条1装配焊接图

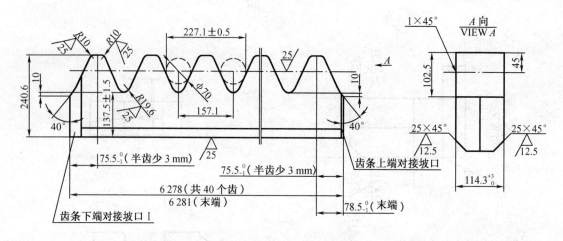

齿条上端对接坡口 I

齿条上端对接坡口 Ⅱ

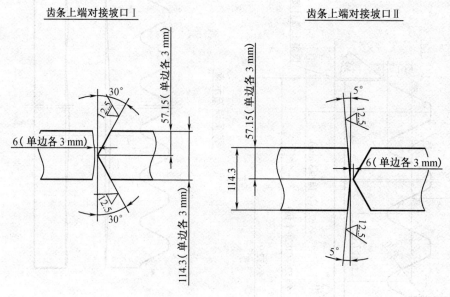

齿条误差示意

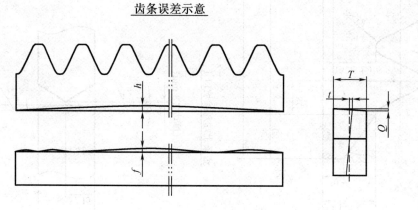

图 1-83　齿条 2 装配焊接图

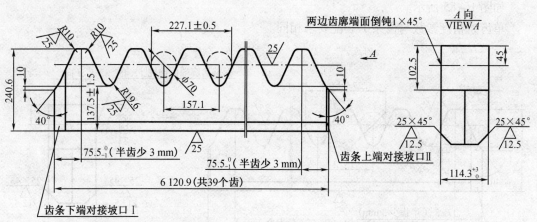

齿条上端对接坡口Ⅰ　　　　　　　　　齿条上端对接坡口Ⅱ

齿条误差示意

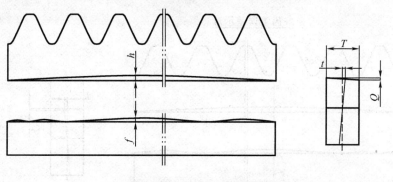

图1-84　齿条3装配焊接图

4. 齿条 4 装配。

如图 1-85 所示。

单齿条精度参数与齿条 1 装配要求相同。

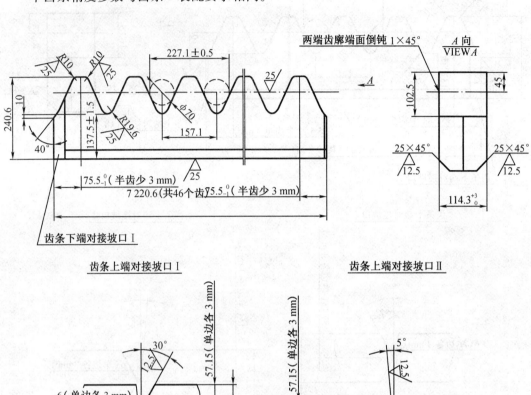

齿条上端对接坡口 I

齿条上端对接坡口 II

齿条误差示意

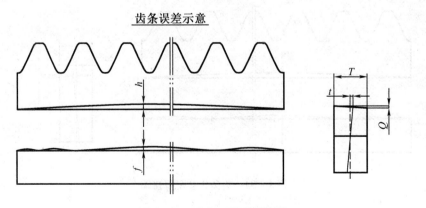

图 1-85 齿条 4 装配焊接图

项目二　半潜式海洋钻井平台建造工艺

任务一　COSL982 半潜式钻井平台概述

(一)平台主要参数和技术规范

1.平台介绍

如图 2－1 所示,COSL982 半潜式钻井平台,即中海油 5 000 英尺(1 英尺 ＝0. 304 8 米)半潜式钻井平台。此平台为安全、可靠、高效的深海钻井平台,它具备 DP 能力,最大作业水深 1 500 米,钻井深度可达 9 144 米。此平台具备采油树操作和服务能力,并为此配备了先进的设备。此平台将用于中国南海海上钻探作业。

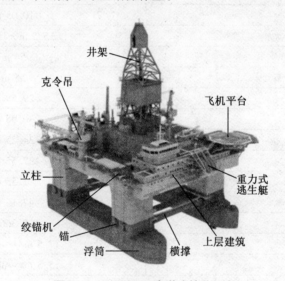

图 2－1　COSL982 半潜式钻井平台

2.平台结构划分

如图 2－1 所示,COSL982 半潜式钻井平台具有两个浮箱、四个立柱和一个箱形上船体,为半潜式设计,平台主船体按照横向和纵向的水密舱壁分隔成以下部分:

(1)两个纵向的箱式浮箱,浮箱包括推进器舱、液舱、泵舱及通道。

(2)四个立柱连接于浮箱和上壳体之间,立柱内设通道及液舱。

(3)两个横向双杆式横撑分别与舯部两立柱和艉部两立柱两两连接。

(4)上船体结构,包含设置有舱室和舾装的双层底(箱式底结构)、下甲板、间甲板及主甲板结构,用于支持机舱、配电板间、控制室、泥浆泵舱、月池区域及相应设备。

(5)上层建筑结构。

（6）甲板区域。

①艏部区域包括上层生活模块及直升机甲板。

②两侧区域包括吊机、卸货区及设备模块区。

③艉部区域包括管架区、管子吊运设备以及其他设备模块等的区域。

④甲板中间区域为主月池。

⑤钻台及结构，包括钻井井架及底座、钻井设备和井控设备区域。

⑥泥浆处理模块，包括泥浆处理间、泥浆池及泥浆泵区域。

⑦固井泵房。

3. 平台主要技术参数

见表 2 - 1。

表 2 - 1 COSL982 半潜式钻井平台主要技术参数

型长	104.5 m
型宽（浮体外侧间距）	70.5 m
浮体宽度	16.5 m
浮体内测间距	37.5 m
浮体高度	10.05 m
立柱外形	15.5 m × 15.5 m
浮体/立柱中心距（横向）	54 m
立柱中心距（纵向）	55 m
上壳体底部距基线高度	29.55 m
下甲板距基线高度	30.95 m
间甲板距基线高度	34.25 m
主甲板距基线	37.55 m
撑管中心距基线	12.55 m
直升机甲板距基线	47.15 m
推进器距基线	−5.366 m
作业工况吃水/排水量	17.5 m/≈40 849 t
自存工况吃水/排水量	15.5 m/≈38 850 t
迁移工况吃水/排水量	9.75 m/≈30 889 t
设计寿命	25 年
航行速度	≥10 knots
设计作业水深/钻井深	1 500 m/9 144 m
甲板可变载荷（VDL）	5 000 t（操作工况/风暴工况）
甲板可变载荷（LSW）	2 500 t（航行工况）
轻船质量（LSW）目标值	25 000 t
直升机甲板	八边形,27.75 m for Sikorsky S92 and S61N
安全证书	180 人
居住区（船上人员）	165 人

(二)982半潜式钻井平台建造工艺流程

1.浮体、立柱分段及上船体分段、生产楼分段成品化建造。

2.平台船坞铺底(坞内合龙立柱、撑杆、上船体、生活楼、直升机平台等主要结构)。

3.坞内结构、舾装、涂装施工,安装大型设备、钻井包,拉放电缆,完成部分设备及系统调试。

4.漂浮出坞。

5.码头舾装,完成厂内相关调试、试验工作。

6.拖移至深水码头安装推进器,并调试。

7.试航,大型试验。

8.扫尾,完工交船。

(三)平台分段划分

1.分段划分原则

(1)有利于壳、舾、涂一体化和成组技术的应用,满足PSPC要求。

(2)有利于分段建造与合龙精度控制,尤其是满足甲板分段。

(3)尽可能保证结构连续。

(4)适应分段内场建造和外场总组的需要。

(5)分段划分要充分利用标准板长度,板长度为12米。

(6)分段缝要尽可能地避开设备基座。

(7)有利于缩短坞内建造周期,充分利用公司现有的大型起重设备。

(8)满足机舱、集控室等功能单元的完整性安装要求。

(9)考虑上层建筑分段的外形尺寸影响运输、分段变形及分段地面总组,确保其在总组段内预装完整。

(10)对于直升机平台分段,要考虑分段的外形尺寸对运输、分段变形及分段地面总组的影响。

2.分段数量统计

(1)浮体:共计26个分段。

(2)撑管:共计4个分段。

(3)立柱:共计16个分段。

(4)下甲板:共计30个分段。

(5)上甲板:共计30个分段。

(6)上层建筑:共计5个分段。

(7)飞机平台:1个分段。

3.分段总组计划

(1)浮体区域:14个。

(2)立柱区域:8个。

(3)甲板区域:16个。

(4)上层建筑:2个。

4.分段划分示意图。

如图2-2所示。

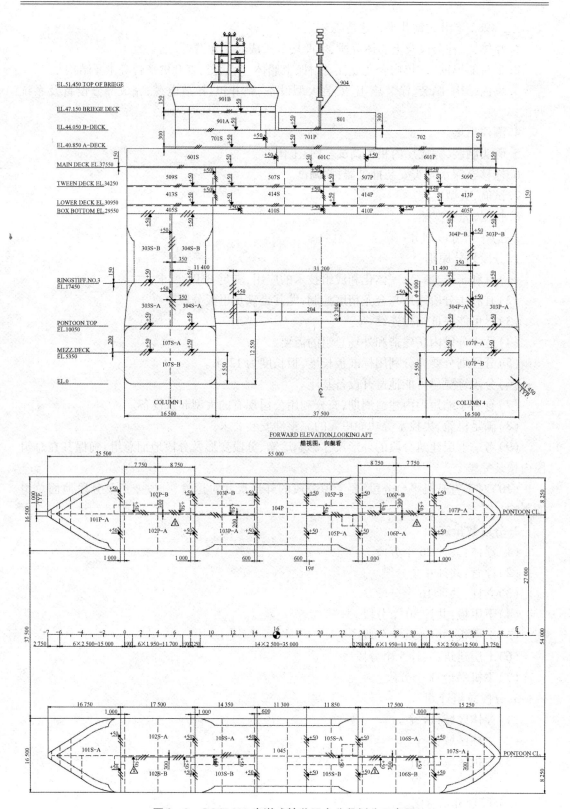

图 2-2　COSL982 半潜式钻井平台分段划分示意图

5. 分段建造工艺流程

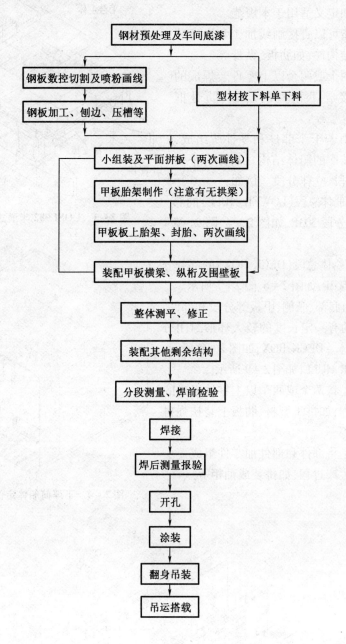

任务二 半潜式海洋钻井平台建造工艺规范

半潜式钻井平台装配工艺规范(以 COSL982 平台系列为例)参见图 2 - 3。

(一)范围

本规范规定了钢制半潜式钻井平台船体建造的施工前准备,人员、工艺要求和工艺流程。

本规范适用于半潜式钻井平台的船体钢结构的建造。

（二）术语和定义

下列术语和定义适用于本规范。

1.零件是指可以直接画线加工和进行装配的船体单一结构件,如肋板、纵骨等。

2.部件是两个或两个以上零件装焊成的组合件,如焊接成 T 型材的肋板、肋骨框架等。

3.分段是由若干个部件和零件所组成,并能单独进行装配的船体结构。它分为平面分段、半立体分段、立体分段。例如:

（1）组成下船体总段(LOWER HULL)的部分分段 104P 和分段 303P,如图 2－4、图 2－5 所示。

（2）组成上船体总段(DECK BOX)的部分分段 406P 和分段 502P,如图 2－6、图 2－7 所示。

4.总段是由底部、舷侧、甲板等分段和部件、零件组合而成的有一定长度的较大环形封闭分段。例如:上船体－DECK BOX,如图 2－8 所示;下船体－LOWER HULL,如图 2－9 所示。

5.小组立是将两个或两个以上零件组成的部件的生产过程,如拼 T 型材、肋板上装扶强材和开孔加强筋等。

6.中组立是将部件和部件加零件组成一个较大组合件的生产过程,如拼装成油柜等。

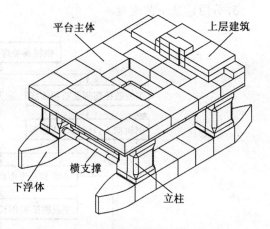

图 2－3　COSL982 半潜式钻井平台

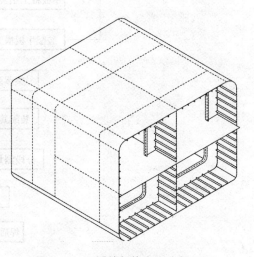

图 2－4　下浮筒船体定位分段 104P

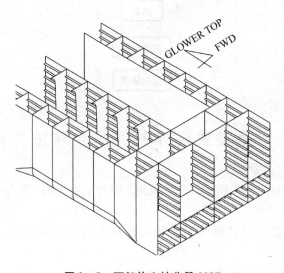

图 2－5　下船体立柱分段 303P

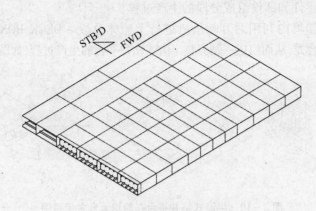

图 2-6　上船体分段 406P

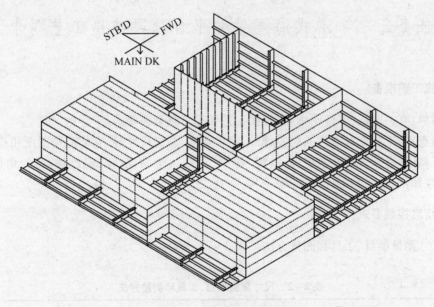

图 2-7　上船体分段 502P

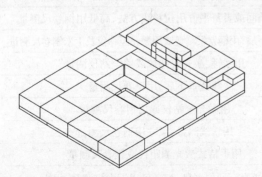

图 2-8　上船体-DECK BOX 总段

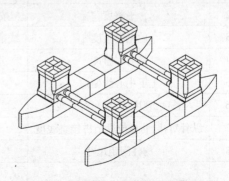

图 2-9　下船体-LOWER HULL 总段

7. 大组立是将零件和部件组成分段的生产过程。

8. 大合龙是在船坞内利用两万吨吊机进行上船体总段 – DECK BOX 和下船体总段 – LOWER HULL 的大合龙，从而组成一艘完整半潜式钻井平台的生产过程，如图 2 – 10 所示。

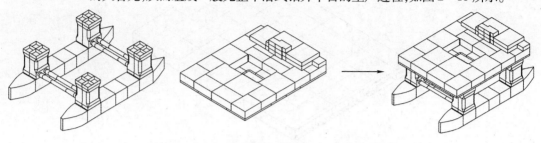

图 2 – 10　半潜式钻井平台在船坞大合龙示意图

任务三　半潜式海洋钻井平台分段建造工艺要求

一、施工前准备

1. 材料：有关图纸、零件明细表、焊接工艺和完工测量表等。

2. 检查：施工前查对零件的材质牌号、钢板厚度、型材尺寸等，它们应与图纸相符合。

3. 工具：钢卷尺、线锤、水准仪、铁锲、各种"马铁"、全站仪、锤、氧乙炔割炬、角尺、角度尺、激光经纬仪、激光测距仪、打冲眼工具。

二、精度控制要求

1. 尺寸测量项目、工具和测量方法见表 2 – 2。

表 2 – 2　尺寸测量项目、工具和测量方法

序号	测量项目	测量工具与方法
1	水平度	用水准仪或者水平软管测量分段四角（结构交点）
2	平整度	按每挡间或者每平方用拉粉线方法，高低用钢卷尺测量
3	舱壁垂直度	线锤垂下后，用钢卷尺测量或用激光经纬仪及 1 米钢卷尺测量
4	端面平整度	用线锤、激光经纬仪或用全站仪测量
5	上下中心线偏差	线锤垂下后，用钢卷尺测量
6	长度、宽度、高度和对角线	用激光全站仪或用钢卷尺测量
7	纵骨对接，肋板或纵桁拼接直线度	用粉线测量，尺寸用钢卷尺测量
8	构件间距尺寸	用手持式激光测距仪或钢卷尺测量
9	分段总组或分段在船坞定位尺寸	用激光全站仪测量，配备可用钢卷尺测量；中心、前后定位位置可用线锤、钢卷尺测量
10	胎架制造	用水准仪和水平软管测量，曲形样板参照型值表数据

表 2 – 2(续)

序号	测量项目	测量工具与方法
11	管状物	前道施工用钢卷尺测量直径、壁厚、圆周,用粉线拉直线度;用激光全站仪或线锤测量定位尺寸及安装的两个方向垂直度
12	各类基座	用水准仪测量水平,用粉线拉平面度,用钢卷尺测量中心距

2.尺寸控制计划见表 2 – 3。

表 2 – 3　尺寸控制项目、控制措施与方法

名称	项目	控制措施与方法	精度计划值/mm
零件加工	切割精度	板的焊接方向与板边切割方向相反,提高数控切割精度	±2
	半自动与手工切割		±2
	数控切割		±2
部件组装	型材精度	切割画线号料,数控精度要求,焊接规范,程序加放,切割和焊接余量	±1.5
	组装精度		±2
	焊接收缩变形		±2
分段形成	组件精度	组装顺序确定,焊接顺序,盖板内构件用基准线结合	±2
	组件顺序		平直分段 ±3,极限 ±4
	构件与钢板的精度		曲面分段 ±4,极限 ±5
	构建焊接收缩		0.5 ~ 1
总段合成	分段精度	中心线,对合线,装配顺序,焊接规范	±1
	组件精度		间隙6,最大12以内
船坞画线	分段定位精度	坞内中心线偏差度,坞内中心,肋检线与分段对接误差主尺寸	±1
	合龙精度		±3
	全船		0.3‰

三、人员

装配工上岗前应进行专业知识和安全知识的培训,并且考试合格,能够明了图纸内容和意图,能够明了下料切割后零部件上所表达的文字、符号的含义,熟悉有关的工艺和技术文件,并能按要求施工。

四、工艺要求

1.小组立

(1)小组立工艺流程

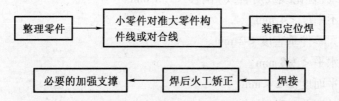

（2）小组立作业标准

①构件对画线（理论线或对合线）偏移 <1.5 ~ 2.0 mm。

②平整度 <4 ~ 6 mm。

③小零件对大零件垂直度 <2 mm。

如图 2 - 11 所示。

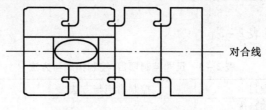

图 2 - 11　画线标准示意图

④面板架。

	标准	极限
L	< ±4 mm	< ±6 mm
B	< ±4 mm	< ±6 mm

对角线差值：$L_1 - L_2 < 4$ mm < 8 mm 。如图 2 - 12 所示。

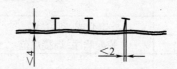

图 2 - 12　平面板架装配精度标准

2. 中组立

（1）中组立工艺流程

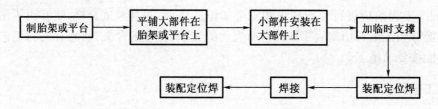

（2）中组立作业标准

①构件对合线（理论线或对合线）偏移 <1.5 mm。

②主要平面不平度 <4 mm。

③小零件对大零件垂直度 <2 mm。

④框架四角水平 < ±8 mm。

⑤纵骨端面平面度 < ±4 mm。

⑥两对角线长度差 <2 mm。

如图 2 - 13 所示。

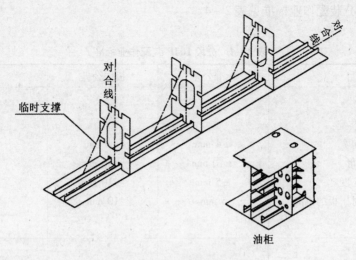

图 2－13　分段装配精度标准

3. 大组立

（1）下船体分段 104P 大组立如图 2－14 所示。

①分段 104P 装配工艺流程。

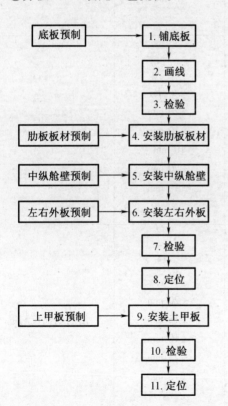

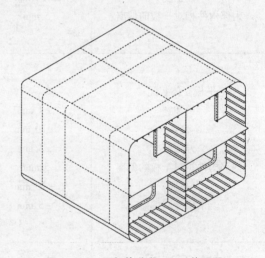

图 2－14　下船体分段 104P 装配图

②分段104P装配作业标准见表2-4。

表2-4 分段104P装配作业标准

项目	标准公差	极限公差	备注
平板装配:			
长和宽	±4 mm	±6 mm	
变形	±10 mm	±20 mm	
方正度	±5 mm	±10 mm	
内部构件相对于板的偏离	5 mm	10 mm	
曲板装配:			
长和宽	±4 mm	±8 mm	
变形	±10 mm	±20 mm	沿曲线轴长测量
方正度	±10 mm	±15 mm	
内部构件相对于板的偏离	5 mm	10 mm	
平板立体装配:			
长和宽	±4 mm	±6 mm	
变形	±10 mm	±20 mm	
方正度	±5 mm	±10 mm	
内部构件相对于板的偏离	5 mm	10 mm	
扭曲	±10 mm	±20 mm	
上下层板间偏差	±5 mm	±10 mm	
曲面立体分段装配:			
长和宽	±4 mm	±8 mm	
变形	±10 mm	±20 mm	
方正度	±10 mm	±15 mm	沿曲线轴长测量
内部构件相对于板的偏离	±5 mm	±10 mm	
扭曲	±15 mm	±25 mm	
上下层板间偏差	±7 mm	±15 mm	

（2）下船体立柱分段303P大组立如图2-15所示。

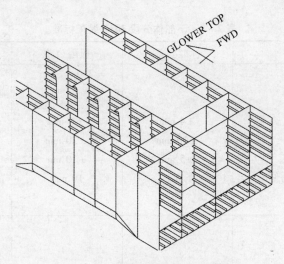

图2-15 下船体分段303P装配图

①分段303P工艺流程。

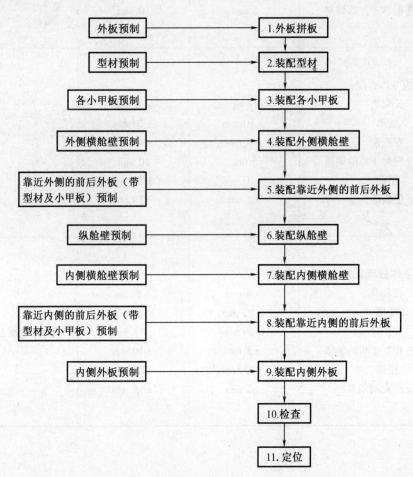

②分段303P装配作业标准见表2-5。

表2-5 下船体分段303P装配标准

项目	标准公差	极限公差	备注
平板装配：			
长和宽	±4 mm	±6 mm	
变形	±10 mm	±20 mm	
方正度	±5 mm	±10 mm	
内部构件相对于板的偏离	5 mm	10 mm	
曲板装配：			
长和宽	±4 mm	±8 mm	
变形	±10 mm	±20 mm	沿曲线轴长测量
方正度	±10 mm	±15 mm	
内部构件相对于板的偏离	5 mm	10 mm	
平板立体装配：			
长和宽	±4 mm	±6 mm	
变形	±10 mm	±20 mm	
方正度	±5 mm	±10 mm	
内部构件相对于板的偏离	5 mm	10 mm	
扭曲	±10 mm	±20 mm	
上下层板间偏差	±5 mm	±10 mm	
曲面立体分段装配：			
长和宽	±4 mm	±8 mm	
变形	±10 mm	±20 mm	
方正度	±10 mm	±15 mm	沿曲线轴长测量
内部构件相对于板的偏离	±5 mm	±10 mm	
扭曲	±15 mm	±25 mm	
上下层板间偏差	±7 mm	±15 mm	

（3）上船体双层底分段 406P 大组立,如图 2 – 16 所示。

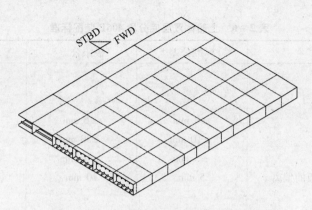

图 2 – 16　上船体双层底分段 406P 装配图

①双层底分段 406P 工艺流程。

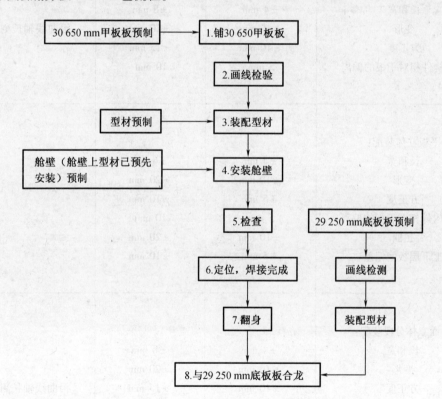

②双层底分段 406P 装配作业标准见表 2 - 6。

表 2 - 6　上船体双层底分段 406P 装配标准

项目	标准公差	极限公差	备注
平板装配：			
长和宽	±4 mm	±6 mm	
变形	±10 mm	±20 mm	
方正度	±5 mm	±10 mm	
内部构件相对于板的偏离	5 mm	10 mm	
曲板装配：			
长和宽	±4 mm	±8 mm	
变形	±10 mm	±20 mm	沿曲线轴长测量
方正度	±10 mm	±15 mm	
内部构件相对于板的偏离	5 mm	10 mm	
平板立体装配：			
长和宽	±4 mm	±6 mm	
变形	±10 mm	±20 mm	
方正度	±5 mm	±10 mm	
内部构件相对于板的偏离	5 mm	10 mm	
扭曲	±10 mm	±20 mm	
上下层板间偏差	±5 mm	±10 mm	
曲面立体分段装配：			
长和宽	±4 mm	±8 mm	
变形	±10 mm	±20 mm	
方正度	±10 mm	±15 mm	沿曲线轴长测量
内部构件相对于板的偏离	±5 mm	±10 mm	
扭曲	±15 mm	±25 mm	
上下层板间偏差	±7 mm	±15 mm	

（4）上船体分段 502P 大组立如图 2－17 所示。

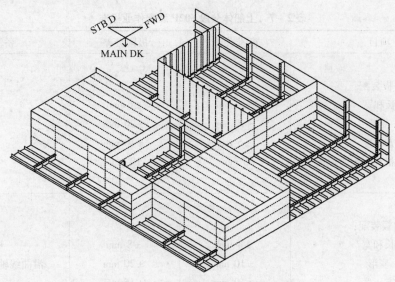

图 2－17　上船体分段 502P 装配图

①上船体分段 502P 工艺流程。

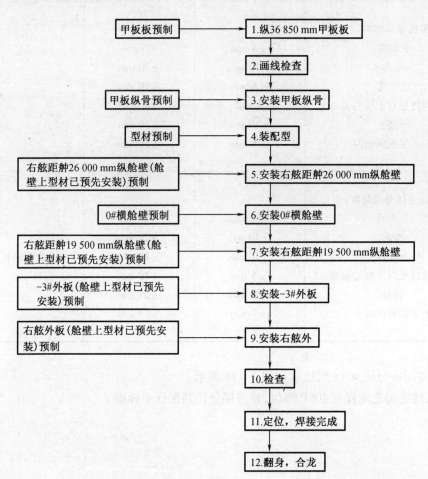

②上船体分段502P装配作业标准见表2-7。

表2-7 上船体分段502P装配作业标准

项目	标准公差	极限公差	备注
平板装配:			
长和宽	±4 mm	±6 mm	
变形	±10 mm	±20 mm	
方正度	±5 mm	±10 mm	
内部构件相对于板的偏离	5 mm	10 mm	
曲板装配:			
长和宽	±4 mm	±8 mm	
变形	±10 mm	±20 mm	沿曲线轴长测量
方正度	±10 mm	±15 mm	
内部构件相对于板的偏离	5 mm	10 mm	
平板立体装配:			
长和宽	±4 mm	±6 mm	
变形	±10 mm	±20 mm	
方正度	±5 mm	±10 mm	
内部构件相对于板的偏离	5 mm	10 mm	
扭曲	±10 mm	±20 mm	
上下层板间偏差	±5 mm	±10 mm	
曲面立体分段装配:			
长和宽	±4 mm	±8 mm	
变形	±10 mm	±20 mm	
方正度	±10 mm	±15 mm	沿曲线轴长测量
内部构件相对于板的偏离	±5 mm	±10 mm	
扭曲	±15 mm	±25 mm	
上下层板间偏差	±7 mm	±15 mm	

（5）双层底分段401S带机座如图2-18所示。

①其建造工艺流程与406P类似,并遵循分段装配作业标准。

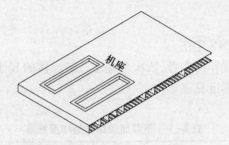

图 2 – 18　双层底分段 401S 装配图

②401S 机座的控制标准见表 2 – 8。

表 2 – 8　401S 机座的控制标准

项目	标准	最大允许公差
机座面板平面度	≤5 mm	≤10 mm
基座面板长度和宽度	±4 mm	±6 mm
同一水平结构的高度偏差	±4 mm	±6 mm
两个水平结构间的高度偏差	±5 mm	±10 mm
机座纵桁与中心线的偏差	±4 mm	±6 mm

任务四　半潜式海洋钻井平台分段大合龙工艺

一、总段建造工艺

1. 下浮筒总段建造工艺如图 2 – 19 所示。

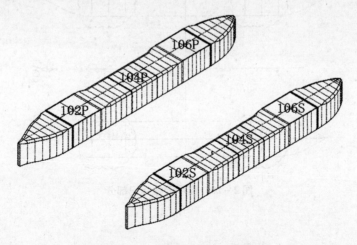

图 2 – 19　下浮筒船体总组示意图

工艺流程：

（1）平台画线。

（2）基准段104P和104S定位。

（3）以平台上的基准线作为参考，依次合龙左右舷浮体的其他分段。

（4）左右舷浮体控制标准见表2-9。

表2-9　下浮筒船体总组精度标准

部位	项目名称	质量管理公差	最大允许公差
平台下浮筒	1.长度	$\pm L/2\ 000$	$\pm L/1\ 000$
	2.宽度	$\pm B/1\ 000$	$\pm B/500$
	3.高度	$\pm H/1\ 000$	$\pm H/500$
	4.平直度	$L/4\ 000$	$L/2\ 000$
	5.局部平直度	3.2 mm/1 000 mm	6.4 mm/1 000 mm
	6.全长范围内的变形	± 50 mm	

（5）如图2-20所示，图中云线标记部分分别为102P，102S，106P和106S的下浮体与立柱合龙位置。在浮体合龙过程中，以平台上的基准线严格控制与立柱合龙的主要结构的距中尺寸。

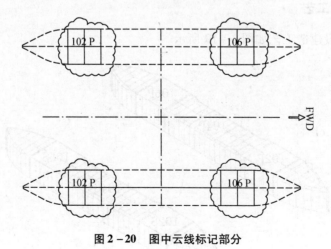

图2-20　图中云线标记部分

2.合龙下浮筒和立柱分段如图 2-21 所示。

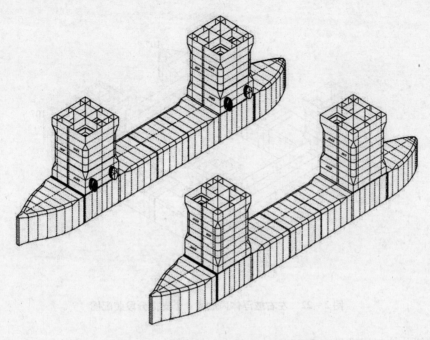

图 2-21　下浮筒和立柱分段合龙示意图

立柱部分控制标准见表 2-10。

表 2-10　立柱装配精度控制标准

部位	项目名称	质量管理公差	最大允许公差
立柱	1.长度	自由	自由
	2.直径	$\pm D/500$	$\pm D/250$
	3.圆周	± 12.7 mm	± 25.4 mm
	4.平直度	$L/2\,000$	$L/1\,000$
	5.局部圆度	3.2 mm/1 000 mm 周长	6.4 mm/1 000 mm 周长
	6.局部平直度	3.2 mm/1 000 mm 周长	3.2 mm/1 000 mm 周长

3.合龙左右舷浮体内舷的4个支撑分段,如图2-22所示。

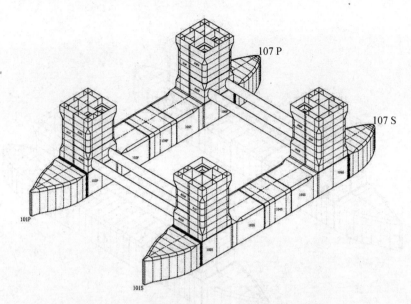

图2-22 左右舷浮体内舷的4个支撑分段装配图

支撑部分控制标准见表2-11。

表2-11 支撑分段装配精度标准

部位	项目名称	质量管理公差	最大允许公差
支撑	1.长度	自由	自由
	2.直径	$\pm D/500$	$\pm D/250$
	3.圆周	± 6.4 mm	± 12.7 mm
	4.平直度	$L/500$	12.7 mm
	5.局部圆度	3.2 mm/1 000 mm 周长	6.4 mm/1 000 mm 周长
	6.局部平直度	3.2 mm/1 000 mm 周长	6.4 mm/1 000 mm 周长

4.上船体总组。

(1)工艺流程如图2-23所示。

①平台画线。

②合龙双层底分段,以403P为定位分段。

③合龙主甲板分段,如图2-24所示。

(2)上船体尺寸控制标准见表2-12。

合龙主甲板和上层建筑分段,如图2-25所示。

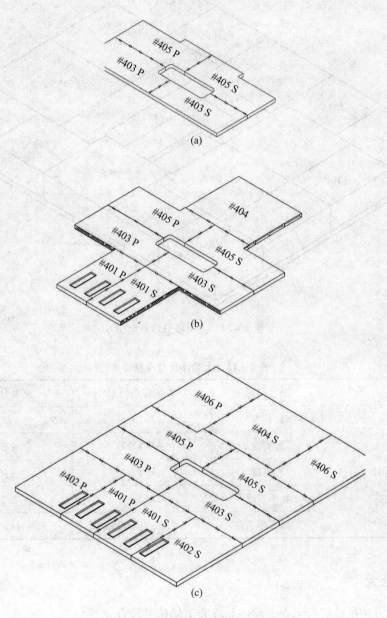

图2-23 双层底分段总组图

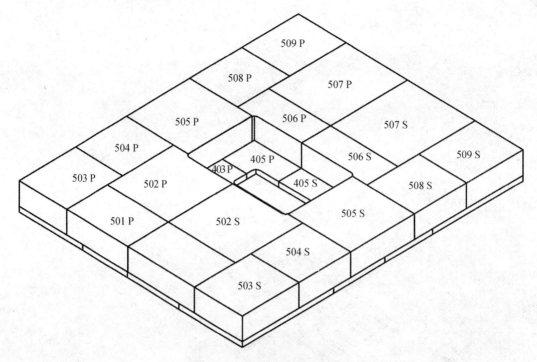

图 2-24　主甲板分段总组图

表 2-12　上船体尺寸控制标准

部位	项目名称	质量管理公差	最大允许公差
主船体	1.长度	$\pm L/2\,000$	$\pm L/1\,000$
	2.宽度	$\pm B/1\,000$	$\pm B/500$
	3.高度	$\pm H/1\,000$	$\pm H/500$
	4.平直度	$L/2\,000$	$L/2\,000$
	5.局部平直度	3.2 mm/1 000 mm	6.4 mm/1 000 mm

二、大合龙

利用两万吨吊机进行水上上船体总段和下船体总段合龙。

1. 工艺流程。

（1）下船体移动前,用全站仪测量出 4 个立柱上口的余量情况,并做出 4 个立柱上口 200 mm 检验线,如图 2-26 所示。

（2）上船体移动前,用水准仪测量 DECK BOX 的底板水平度,如图 2-27 所示。

（3）根据 DECK BOX 的底板水平,做出 4 个立柱上口的切割线(考虑加上相应的余量值),如图 2-28 所示。

（4）分别在 DECK BOX 底部和下船体立柱顶部安装好导向装置,如图 2-29 所示。

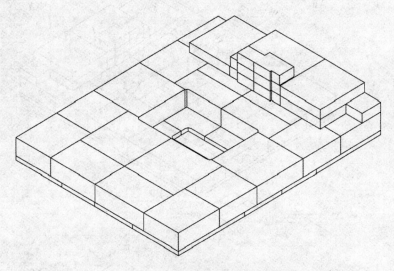

图 2 - 25   上层建筑分段与主甲板合龙

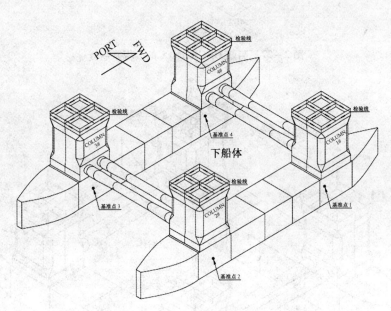

图 2 - 26   画出 4 个立柱上口的 200 mm 检验线

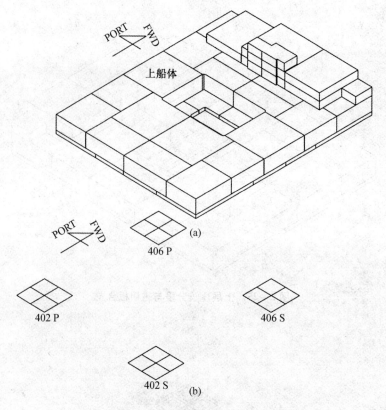

图 2 - 27　测量 DECK BOX 的底板水平度

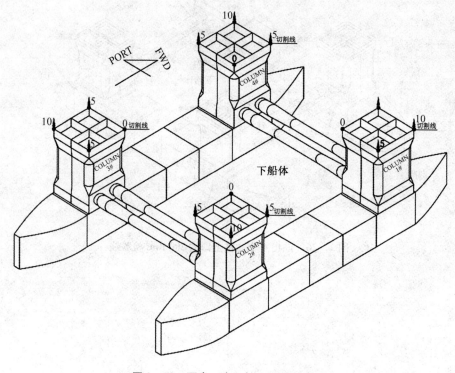

图 2 - 28　画出 4 个立柱上口的切割线

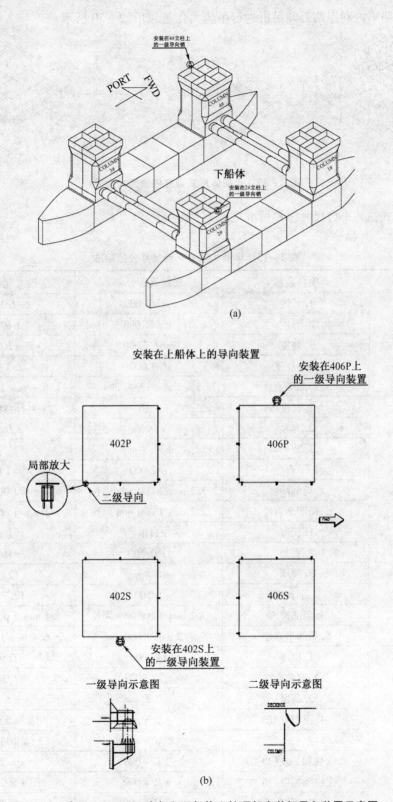

(a)

(b)

图 2-29　在 DECK BOX 底部和下船体立柱顶部安装好导向装置示意图

2. 在大船坞内利用两万吨吊机进行吊装大合龙,如图 2 - 30 所示。

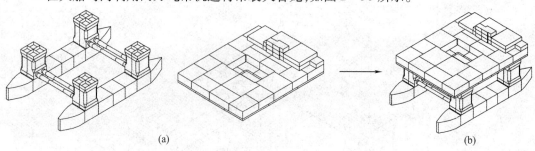

(a)　　　　　　　　　　　　　(b)

图 2 - 30　上船体吊装到立柱顶部大合龙

3. 半潜式钻井平台尺寸公差标准见表 2 - 13。

表 2 - 13　半潜式钻井平台尺寸公差标准

部位	项目名称	质量管理公差	最大允许公差
下船体	1. 长度	$\pm L/2\ 000$	$\pm L/1\ 000$
	2. 宽度	$\pm B/1\ 000$	$\pm B/500$
	3. 高度	$\pm H/1\ 000$	$\pm H/500$
	4. 平直度	$L/4\ 000$	$L/2\ 000$
	5. 局部平直度	3. 2 mm/1 000 mm	6. 4 mm/1 000 mm
立柱	1. 长度	自由	自由
	2. 直径	$\pm D/500$	$\pm D/250$
	3. 圆周	$\pm 12.\ 7$ mm	$\pm 25.\ 4$ mm
	4. 平直度	$L/2\ 000$	$L/1\ 000$
	5. 局部圆度	3. 2 mm/1 000 mm 周长	6. 4 mm/1 000 mm 周长
	6. 局部平直度	3. 2 mm/1 000 mm 周长	3. 2 mm/1 000 mm 周长
支撑	1. 长度	自由	自由
	2. 直径	$\pm D/500$	$\pm D/250$
	3. 圆周	$\pm 6.\ 4$ mm	$\pm 12.\ 7$ mm
	4. 平直度	$L/500$	12. 7 mm
	5. 局部圆度	3. 2 mm/1 000 mm 周长	6. 4 mm/1 000 mm 周长
	6. 局部平直度	3. 2 mm/1 000 mm	6. 4 mm/1 000 mm
主桁材	1. 拱度	$L/1\ 000$	$L/500$
	2. 弯曲度	$L/1\ 000$	$L/500$
	3. 高度	$\pm 2.\ 5$ mm	± 5 mm
	4. 面积宽度	$\pm 2.\ 5$ mm	± 5 mm
	5. 面积斜度	$\pm (b/100 + 1)$ mm	$\pm (b/100 + 2)$ mm
总体尺寸	1. 支柱间长度(LCC)	$\pm L/4\ 000$	$\pm L/2\ 000$
	2. 支柱间宽度(BCC)	$\pm B/4\ 000$	$\pm B/2\ 000$
	3. 高度	$\pm H/4\ 000$	$\pm H/2\ 000$
	4. 每挡肋距内平整度	± 5 mm	± 10 mm

任务五　半潜式海洋钻井平台下浮体推进器安装工艺

一、COSL982 半潜式钻井平台推进器概述

水下推进器由 Rolls-Royce 公司提供,型号为 Ulstein Aquamaster UUC355,共 6 台。

Ulstein Aquamaster UUC355 是一种可水下拆装的全方位推进器,采用垂直动力输入,并装配倾斜角 5° PV-nozzle 专利技术的等螺距螺旋桨,其安装需要在船体处于最小吃水线时进行。

1. 主要数据。

推进器水下部分质量(空气中)	44 000 千克/台
最大运行功率(输入立轴上)	3 800 kW
输入转速(定转矩/系柱条件)	0 ~ 720 r/min
输入转速(定功率/移动条件)	720 ~ 790 r/min
旋转方向(从输入轴看过去)	顺时针
最大转矩限制(输入立轴上)	50,4 kN·m
最大转矩限制(反转)	12,3 kN·m
齿轮减速比	4.077:1
螺旋桨直径	3 500 mm
导流罩型号	Ulstein Aquamaster PV(NSMB 1297)　(倾斜角 5°)
桨叶数量	4
螺旋桨转速(标称输入转速 720 r/min)	177 r/min
开阔水域 0 前进速度下计算的推力	65 t
最大转向速度	ca. 2 r/min

推进器实例如图 2 - 31 所示。

图 2 - 31　推进器实例

2. 推进器安装实例如图 2 – 32 所示。

图 2 – 32   推进器安装实例

3. 推进器结构如图 2 – 33 所示。

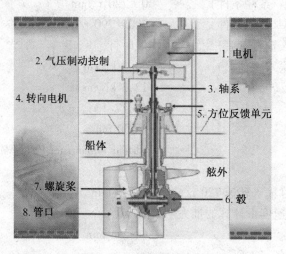

图 2 – 33   推进器结构图

二、推进器基座安装

侧推器通过螺栓固定在船体座板法兰上,电机安装在侧推器上方的结构面板上。为了保证侧推器安装质量要求,保证侧推器正常工作,对基座板法兰的平面度和平行度等提出如下要求:

1. 侧推器基座在分段总组阶段进行定位,在坞内合龙阶段进行焊接。

2. 基座平面度焊接变形控制。在焊接之前制作如下工装(以监视平面度的变化):做好磁性千分表支撑座,并准备 8 ~ 12 块磁性千分表(精度为 0.01 mm)。将千分表放在支撑座上用以监视基座平面法兰在焊接时的变形量。焊接之前将表的指针调整为 0。焊接时检测人员要严密监视千分表的数值变化,根据其数据变化情况,随时要求焊工调整焊接顺序,如图 2 – 34、图 2 – 35 所示。

3. 焊接方面控制。推进器基座的焊接在坡口的形式和处理、焊接材料的选用、焊接温度的控制、焊工的数量、焊接顺序等方面,都做出详细规定。焊接时,要先焊接侧推座外圆

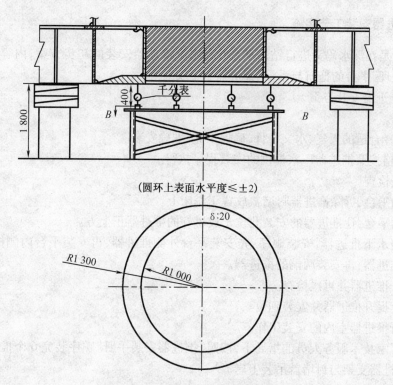

(圆环上表面水平度≤±2)

图 2 - 34　千分表监控焊接变形图

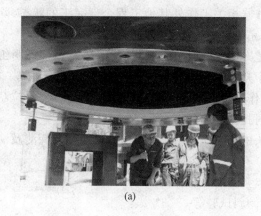

(a)

(b)

图 2 - 35　千分表监控焊接变化实例图

板与外板的焊缝,后焊接推进器基座周围 12 根放射形加强材,由 4 个焊工对称施焊,焊接过程中检测人员要严密监视千分表的数值变化,根据其数据变化情况,随时要求焊工调整焊接顺序。焊接完成之后,要经过至少 24 小时,用激光仪器进行平面度的测量。

4. 焊接后机械加工。由专门从事此类工作的专业公司进行机加工,加工设备具有高精度、高效率、便携式的特点,完全能够满足侧推器基座法兰面板的平面度要求。

5. 推进器底座安装及加工结束,侧推孔上下密封盖安装及密性实验结束。

6. 吃水测量管密性试验结束,测深/计程传感器安装检验结束,锌块阴极保护安装检验结束。

三、推进器安装工艺实施

本方案是在深水码头进行钻井平台6台水下推进器安装的初步方案,内容包括深水码头调查与处理、平台的拖航与系泊、推进器水下安装等。

(一)推进器安装方案

1. 总则。

(1)选择合适的天气、水文条件,确保快速、准确安装。

(2)严格按照推进器厂家提供的安装程序执行。

2. 确认检查。

3. 移动平台,拆除推进器封堵盖放置于海床上。

4. 移动平台,让推进器的安装孔位于放置好的推进器正上方。

5. 安装水下推进器,安装顺序:先安装平台外侧推进器,再安装平台内侧推进器,先安装中间的推进器,再安装两端的推进器。

6. 提升推进器并再次检查。

7. 继续提升推进器并安装到位。

8. 进行推进器室内的安装工作。

9. 在厂家技术服务人员的指导下,按照"推进器安装手册"顺序装完6个推进器。

10. 推进器支架与封堵盖吊装上岸。

(二)推进器安装前准备

为了高效地完成推进器的安装工作,安装前将完成以下准备工作:

1. 推进器安装前,平台应达到除安装推进器相关工作外其他工程全部完工的状态,除推进器相关试验及航海试验外,其他试验必须完成。

2. 推进器检验完成。在推进器到货后,应及时进行检验,按照供货清单及零部件明细表核对螺旋桨、电机及其附件,检查运输过程中是否有损坏,确保安装的推进器安全可靠。

3. 推进器安装工具准备完毕,安装工装制作完成。安装工具包括活扳手、塞尺、手拉葫芦、钳工锤、铅锤、水准仪等,安装工装包括临时托架、提升工装等。

4. 深水码头的准备工作包括具体使用码头的布置情况、安装区域海底地貌的探测及清理工作等。

5. 平台拖航航道的检测。

6. 平台的建造完工及相关试验的完成,如倾斜试验等。

7. 按照预定位置确定推进器的海底摆放定位,如图2-36所示。

8. 推进器的摆放定位,在推进器到货、验收合格后,根据拟订好的平台安装推进器系泊位置,准确定位推进器摆放位置;然后将提前制作好的推进器临时固定支架放置在海底安装位置上,并确保该支架固定平稳、牢固;最后通过海吊缓慢地将推进器放入海底中的临时支架上,并注意螺旋桨方位与推进器舱室布置图一致。放置过程应由潜水员实时监控,确保安全,如图2-37所示。

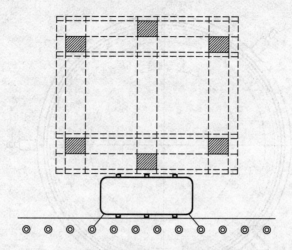

图 2 - 36 六个推进器在水中预先确定的位置放置示意图

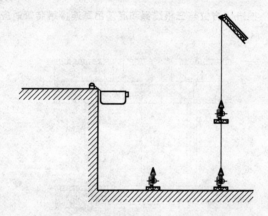

图 2 - 37 吊机把 6 个推进器吊入水中放在预先确定的位置示意图

(三)施工步骤

水下安装过程:

1. 选择合适的天气、水文条件,确保快速、准确安装。

2. 再次确认检查,确保推进器舱室内的设备或其他散件不会影响推进器的安装。为防止漏水应确保推进器舱室的水密门能够随时关闭。潜水员应确认推进器方位与三根缆绳和底盖吊耳对应连接。检查推进器安装所需的套筒螺纹扳手和垫圈等工具已经准备到位,如图 2 - 38 所示。

3. 移动平台。

(1)平台拖航到深水码头,并系泊在海底推进器的正上方,如图 2 - 39 所示。

(2)平台系泊定位。

上述准备工作顺利完成后进行推进器的水下安装工作以及推进器的相关试验。

平台系泊定位如图 2 - 40 所示。

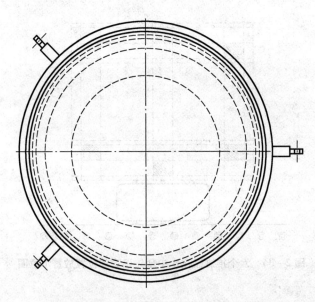

图 2 - 38　推进器方位与三根缆绳和底盖吊耳连接吊装管对应示意图

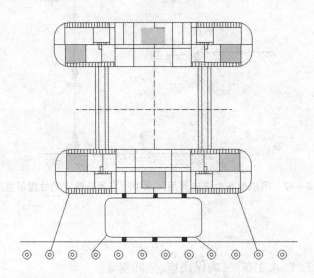

图 2 - 39　移动平台系泊在水底放置好的推进器正上方

（3）拆除推进器封堵盖放置于海床上。应注意首先打开顶盖,泄放内部空气,潜水员把缆绳和底盖吊耳连接,松开螺母。然后从空气阀连续注入压缩空气,通过推进器基座内部压力推开底盖,通过潜水员和缆绳将底盖放置于海床上,如图 2 - 41 所示。

4. 再次移动平台。

（1）移动平台让推进器的安装孔位于放置好的推进器正上方,如图 2 - 42 所示。

（2）放下提升缆绳至推进器吊耳高度,潜水员按照颜色标签将缆绳与推进器吊耳连接,做好提升推进器准备,如图 2 - 43 所示。

5. 安装水下推进器,安装顺序:先安装平台外侧推进器,再安装平台内侧推进器,先安装中间的推进器,再安装两端的推进器。

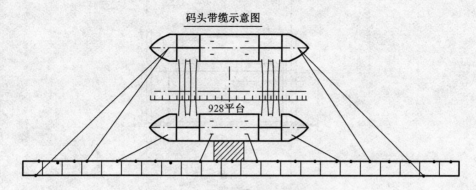

图2-40 平台系泊定位示意图

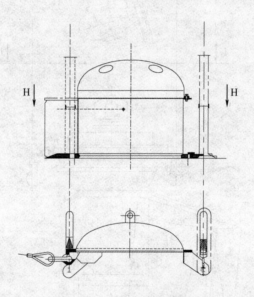

图2-41 底盖放置于海床上

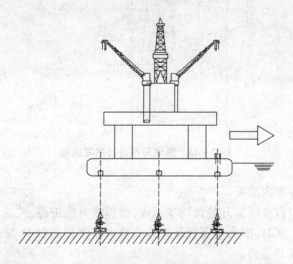

图2-42 移动平台安装孔位于放置好的推进器正上方

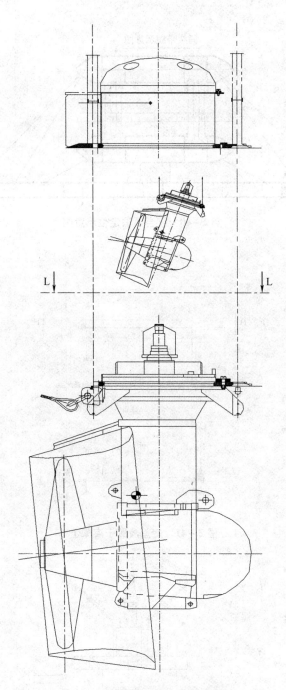

图 2-43　缆绳与推进器吊耳连接

6. 提升推进器并再次检查。

提升时应注意三台液压提升装置同步工作,缓慢提升推进器,控制速度在 1 米/分钟,当推进器距离基座约 1 米时,潜水员需要最终检查推进器密封面和 O 型密封圈,如有破损,及时修复后才能继续提升安装。

7. 继续提升推进器并安装到位,如图 2-44 所示。应确保推进器定位销可以顺利进入定位销孔,然后继续提升推进器直到 O 型密封圈开始与基座密封面相接触。

潜水员继续对此进行监控,一旦发现 O 型密封圈有损坏或脱离了安装凹槽,应马上停止提升,及时修复后方可继续操作。

继续提升推进器至 O 型密封圈与基座密封面完全接触后,潜水员通知外部工作人员安装封盖,如图 2 - 45 所示。

8.进行推进器室内的安装工作。

(1)如图 2 - 46 所示,推进器舱室内的安装完毕。

(2)把螺纹防松胶涂抹到螺纹上,松开密封螺钉上面的固定螺丝后解除对密封螺钉的固定,把密封螺钉拧进推进器装配面并拧紧。

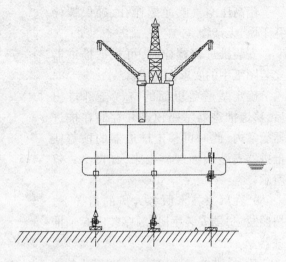

图 2 - 44　再次提升推进器并安装

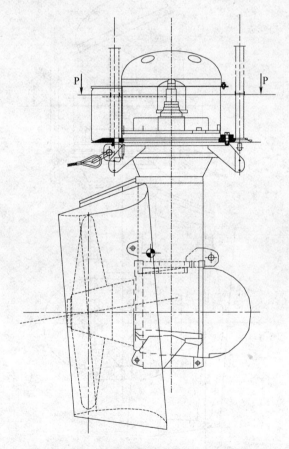

图 2 - 45　提升推进器并安装到位示意图

拧紧密封螺钉,充入压缩空气,在密封面上放上肥皂水。如果没有泡泡说明密封良好。

此时拆除所有安装螺栓的止动架以安装装配螺栓,确保制动架和插销都存储在安全的地方,以便将来推进器拆卸时使用。

用高压空气吹净螺栓孔,确保螺栓孔干燥,无杂物。

安装推进器螺栓时,可根据推进器安装图纸中的要求去完成。

确定基座盖里面的空气全部排出后,移走推进器基座顶盖并存储在推进器舱室内,此时可移走推进器的顶盖使推进器安装表面裸露出来,如图 2 – 47 所示。

9. 在厂家技术服务人员的指导下,按照"推进器安装手册"顺序装完 6 个推进器。

10. 推进器支架与封堵盖吊装上岸。

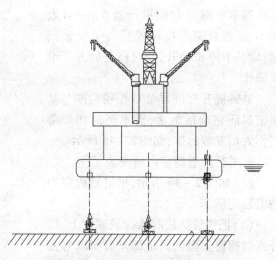

图 2 – 46　推进器舱室内的安装完毕

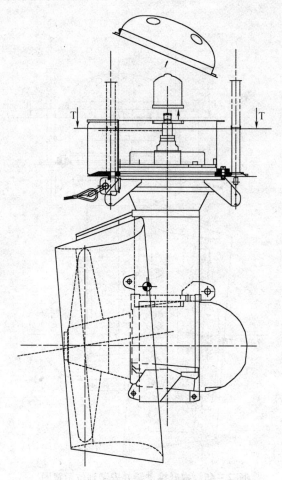

图 2 – 47　推进器安装完毕移走推进器的顶盖
使推进器安装表面裸露出来

四、项目流程图

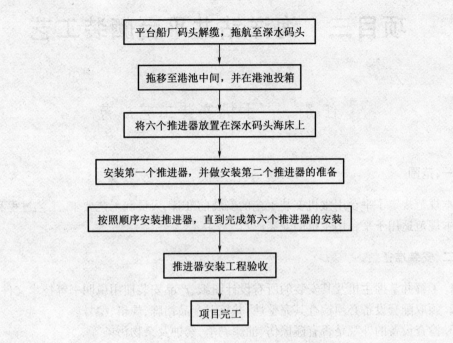

平台船厂码头解缆，拖航至深水码头

拖移至港池中间，并在港池投箱

将六个推进器放置在深水码头海床上

安装第一个推进器，并做安装第二个推进器的准备

按照顺序安装推进器，直到完成第六个推进器的安装

推进器安装工程验收

项目完工

项目三　海洋钻井平台舾装工艺

任务一　主机安装工艺规范

一、范围

本规范规定了平台用主机安装工艺的安装前准备、人员和工艺要求、工艺过程和检验。本规范适用于平台用主机的安装。

二、安装准备

1. 了解并掌握主机及其安装的所有设计图纸、产品安装使用说明书等技术文件。
2. 领取配套设备必须检查其完整性,并核对产品铭牌、规格、型号。
3. 检查设备的外观是否有碰擦伤、油漆剥落、锈蚀及杂物污染等。
4. 检查所有管口、螺纹接头等的防锈封堵状态。
5. 检查完毕的配套设备必须有相应的保洁、防潮、防擦伤等安全措施。
6. 对基座、垫块、调整垫片等零部件必须按图纸等有关文件进行核对。

三、人员

1. 安装人员应具备专业知识并经过专业培训,考核合格后,方可上岗。
2. 安装人员应熟悉本规范要求,并严格遵守工艺规范和现场安全操作规程。

四、工艺要求

1. 主机吊装和初步定位符合图纸要求。
2. 主机曲柄差、轴承间隙符合主机制造厂的要求。
3. 主机环氧垫片浇注合格。
4. 主机地脚螺栓、主机侧向支撑、端部支撑安装泵压符合主机要求。

五、工艺过程

(一)主机基座

1. 根据拉线、照光结果和"主机安装图",画出基座上的钻孔位置。然后,进行钻孔作业。
2. 钻孔作业后,须检查主机机座下横向加强板的位置,消除毛刺,以保证安装时的良好贴合。下平面可以用 0.05 mm 塞尺进行塞检。
3. 回油管开孔时,应核对主机油底壳与图纸的正确性。
4. 按照图纸要求焊装注塑挡板,挡板规格为 5 mm × 30 mm, $L \approx 20$ m。

5. 在基座的一侧焊装吊装导向板 2 块,在基座的后端处再焊装吊装导向板 1 块,配合整机吊装。

6. 基座平面打磨清洁,抹上油脂。

(二)整机吊装

1. 吊装前,主机安装范围内应进行油漆报验(垫片位置除外),并核实机舱开口尺寸,拆去碰撞物。

2. 根据拉线、照光确定的主机垫片高度,调整主机顶高螺栓高度。

3. 为了确保吊装工作,必要时可拆去部分附件。

4. 清洁法兰平面,消除毛刺,涂上保养油。吊装时,须采取防碰撞措施。

(三) 主机校中

主机校中见 Q/SWS 44—008—2003《船舶轴系校中通用工艺规范》。

(四) 主机安装

1. 按"主机安装图"的要求,将主机底部侧向支撑座和端部支撑座一一焊装到位,但必须注意安装方向,并给楔铁留有一定的装配余量。

2. 浇注主机环氧垫片。

(1)浇注前应仔细清洁机座底板平面和基座面板平面。

(2)在清洁机座、围海绵、搅拌环氧及浇注过程中,主机周围应无打磨、电焊、气割等进行中的工作。

(3)环氧垫片的大小规格和布置,必须符合"主机安装图"的要求。

(4)浇注由环氧垫片服务商负责。

(5)浇注时,需同时浇注两块环氧垫片 50 mm × 50 mm × 50 mm 试样。

(6)待环氧四十八小时硬化后,取样检查环氧垫片的硬度(洛氏硬度 > 40 N/mm², 抗拉强度 > 93 N/mm²)。

3. 主机底脚螺栓安装。

(1)拆除顶升螺栓。

(2)将底脚螺栓涂上二硫化钼,并用液压拉伸器,将底脚螺栓予紧紧固,如图 3 - 1 所示。紧固分两次进行,第一次 20 MPa,第二次紧固时,将底脚螺栓予紧拉到额定工作油压:90 MPa。

①上螺母必须按照"主机安装图"进行调整。

②确保上、下螺母用圆螺母扳手扳紧。

③安装液压拉伸工具,应确保液压缸紧贴定距环并确保零部件正确导向。

④分两步紧固,如图 3 - 2 所示。

(a)施加压力(液压拉紧压力:20 MPa)→用圆形螺母扳手紧固螺母 →释放压力 → 在进行第二步前等待约 2 分钟。

(b)施加压力(液压拉紧压力:90 MPa)→将螺母紧固牢并释放系统压力。

⑤拧紧顺序。

将机座分隔为三个相等的部分:前部、中部和后部, 按照图 3 - 2 编号和箭头的方向顺序拧紧螺栓,拧紧顺序:

(a)在主机中部的截面上的螺栓在①+②两侧紧固。

(b)在主机前部的螺栓在③+④两侧紧固。

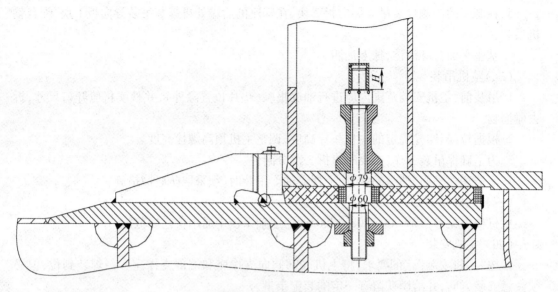

图 3-1　底脚螺栓安装

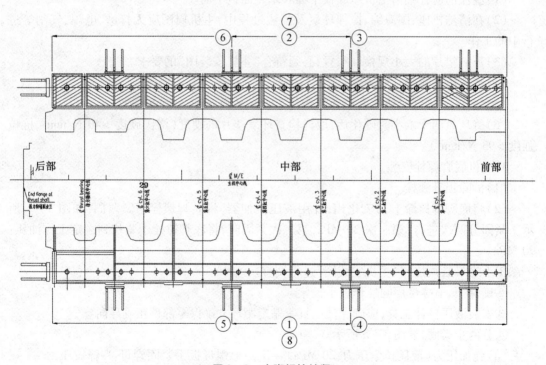

图 3-2　底脚螺栓拧紧

　　(c)最后端的螺栓在⑤＋⑥两侧紧固。

　　(d)将主机中部截面上的螺栓在⑦＋⑧两侧再次紧固。

　　(3)测量主机同各测量销之间的间隙,对比主机的下沉量。

　　4.测量曲轴曲柄差。

　　5.确定中间轴承垫片厚度,装配,基座钻孔并紧固,接触面积≥60%(允许极限50%),

0.05 mm 塞尺允许插入深度不超过 10 mm。

6. 复测轴承负荷(艉管前轴承、中间轴承、主机最后两道主轴承)。

7. 端部支撑安装。

(1)楔入装配端部支撑垫块,接触面应紧密、均匀贴合,接触面积不小于 70%,并用 0.05 mm塞尺进行贴合检查。

(2)用液压拉伸器将端部支撑螺栓紧固安装,拉伸器的工作面积为 15 940 mm²,液压螺栓紧固压力为 99 MPa。

(a)外端部螺母必须按照"主机安装图"进行调整(图 3-3)。

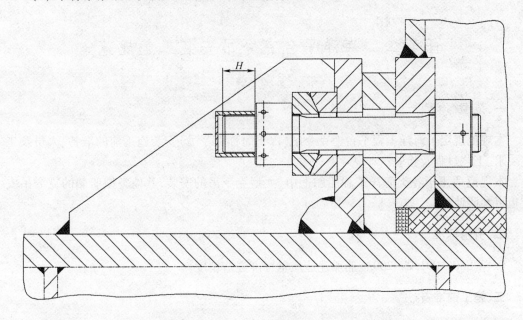

图 3-3　主机安装图

(b)确保左、右螺母用圆形螺母扳手扳紧。

(c)施加压力(液压拉紧压力:99 MPa)将螺母紧固牢并释放系统压力。

8. 侧向支撑安装。

(1)楔入装配侧向支撑垫块,接触面应紧密均匀贴合,接触面积不小于 70%,并用 0.05 mm塞尺进行贴合检查。

(2)按照"主机安装图"将侧向支撑和垫块紧固。

9. 主机横撑装置安装。

(1)安装前准备。

①检查主机横撑各零件的完整性及清洁度,确保所装配零部件完整、干净。

②检查、确定平台安装点的位置,保证平台安装点的位置和支撑架在一根横梁的中心线上。

(2)按照"主机横撑布置图"以及主机横撑装置安装工艺安装主机横撑。

10. 根据"接地装置安装图"安装轴系接地装置。

六、检验

1. 浇注环氧:取样检查环氧垫片的硬度(洛氏硬度 >40 N/mm²、抗拉强度 >93 N/mm²)。

2. 主机底脚螺栓安装符合主机制造厂要求。

3. 曲轴曲柄差符合主机制造厂要求。

4. 中间轴轴承安装(垫片装配、基座钻孔),装配,基座钻孔并紧固,接触面积≥60%(允许极限50%),0.05 mm 塞尺允许插入深度不超过10 mm。

5. 轴承负荷(艉管前轴承、中间轴承、主机最后两道主轴承)符合"轴系校中计算书"及主机制造厂的要求。

6. 侧向支撑安装:接触面积不小于70%,0.05 mm 塞尺允许插入深度不超过10 mm。

7. 端部支撑安装:接触面积不小于70%,0.05 mm 塞尺允许插入深度不超过10 mm。

任务二　海洋平台克令吊安装工艺规范

一、范围

本规范规定了海洋工程平台上克令吊(以下简称克令吊)安装施工前的准备、人员及工艺要求、工艺过程及检验。

本规范适用于各类海洋工程船舶上中、大型克令吊的安装,其他类型船舶的克令吊安装也可参照使用。

二、引用标准

Q/SWS60-001.2—2003《船舶建造质量标准建造精度》。

三、施工前准备

1. 技术资料。

施工前,仔细阅读克令吊使用说明书中有关安装技术要求的章、节条款,克令吊立柱内、外场环缝焊装工艺要求。必要时,向施工人员进行技术交底。

2. 设备材料。

(1)施工前,要了解设备及其底座是否到货,并核对和检查配套附件是否短缺。

(2)上船安装的克令吊必须具有出厂试验报告、出厂合格证书和船级社证书,吊索和牵引索的钢丝绳也必须具有船级社证书。

3. 施工工具。

施工前,将卷尺、钢质水平仪、角分仪、焊接切割工具、打磨机、榔头、手动葫芦等施工工具准备好。

4. 其他。

克令吊立柱与上甲板连接处角焊缝施工已结束,进行100%超声波探伤,合格率为100%。

四、人员

1. 装配工上岗前,应进行过专业知识和安全生产知识的应知、应会培训,考核合格并达到装配工中级以上资格,方能上岗操作。

2. 电焊工上岗前,应进行过专业知识和安全生产知识的应知、应会培训,考核合格并达到电焊工中级以上资格,方能上岗操作。电焊工上岗时,必须具有特殊工种上岗证。

五、工艺要求

1. 克令吊立柱的安装技术要求参照 Q/SWS60 - 001. 2—2003《船舶建造质量标准建造精度》执行。

(1)克令吊立柱对接筒体建造精度中心线偏差 $\Delta\phi\leqslant3$ mm(极限偏差 $\Delta\phi\leqslant5$ mm)。

(2)克令吊立柱垂直度偏差 $\leqslant1H/1\ 000$(极限偏差 $\leqslant2H/1\ 000$,H 为对接后立柱总高度)。

(3)克令吊立柱高度偏差 $\leqslant\pm10$ mm。

2. 克令吊回转平台(回转支承)与克令吊立柱顶端法兰平面接触面的间隙不大于回转支承外径的万分之二。要求接触均匀,用塞尺检查插入点不少于 3 处。

3. A 形架与转台的安装应可靠,并插上开口销。

4. 臂架在连成整体后与转台的安装应可靠,并插上开口销。

5. 吊臂变幅,主、副钩头上升/下降钢丝绳的穿引参见钢丝绳绕线布置图。

6. 电机及控制箱的绝缘电阻应不小于 1 MΩ。

7. 电气集流环的电刷应接触良好,不应有跳火现象。

8. 液压系统应运行正常,不应有异常的震动和噪声。

9. 起升、回转、变幅装置的制动装置、卷筒装置及离合器装置应操纵灵活,动作正确,离合器的锁紧应可靠。

六、工艺过程

1. 克令吊立柱(上、下环缝的焊接)的安装。

(1)焊接前首先对制造厂提供的底座进行检查,确认与回转支承连接底座的机加工平面有无平面度变形。平面度误差 $\leqslant0.20$ mm,若顶部法兰平面度变形超差,需要进行机加工修正。

①克令吊底座与克令吊立柱对接焊缝各自的坡口均按以下焊接工艺执行。确保底座与克令吊立柱在圆周方向任何位置间隙不大于 2 mm,否则予以修正。因为若有过大的间隙,焊接后导致底座产生平面度变形,从而影响顶端法兰平面的安装质量。

②将底座与克令吊立柱点焊,在对接焊缝处附近,焊制好"骑马"板 36 块(每 10°一块),将角分仪放在克令吊底座上平面法兰上,在 360°圆周范围内,使其倾斜度公差值在 $D/1\ 000$ 范围内。

(2)对接焊缝处预热,预热温度为 120 ~ 150 ℃。首先焊接无缝隙或缝隙极小的部位,然后焊接有缝隙的部位,对称均匀点焊后,2 名焊工在各自对称位置,沿同一方向实施 CO_2 气体保护焊焊接,以限制底座顶端法兰的扭曲变形。焊接时要求用角分仪跟踪检查上平面的变形,要求平面度变形控制在直径的万分之二以下。

(3)克令吊立柱环焊缝的检验要求。

①克令吊立柱环焊缝进行 100%外观检查,合格率为 100%。

②克令吊立柱环焊缝进行 100%超声波探伤,合格率为 100%。

③克令吊立柱中 T 字焊缝处均加一张 X 射线探伤片,拍片率不少于 20%。

2.克令吊维修平台的安装。

(1)在基座上画出维修平台的安装位置,如图3-4所示。

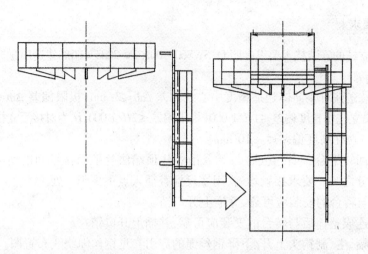

图3-4 维修平台的安装位置图

(2)将维修平台吊装到克令吊基座上定位。注意:维修平台底平面与回转支撑平面相对平行。

(3)维修平台的支撑板(肘板)在筒体基座上定位(注意直梯对准维修平台出入口)。将肘板与筒体先对称点焊,然后焊牢。

3.克令吊服务平台的安装。

在将回转平台(含回转轴承)安装到底座之前,需要先把服务平台走廊安装到回转平台上。根据原标记(或画线)提示的方向安装定位,然后用螺栓、螺母将左、右走廊与回转平台连接好,如图3-5所示。

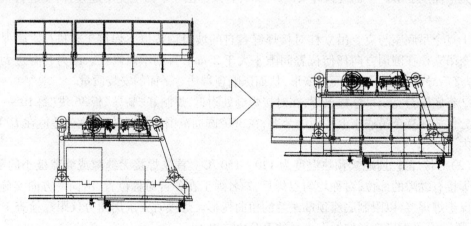

图3-5 克令吊服务平台安装图

4.回转平台与底座的安装。

(1)拆除克令吊底座平台上的保护材料。

(2)吊机作为完整的设备,配有装在吊机底座内的电气用电接线滑环,检查是否完好。

(3)将克令吊底座平台平稳吊起,并保持回转支承下平面水平,同时使用牵引绳防止平台在空中摆动、回转。

（4）检查回转平台底座法兰（回转支承安装平面），进行清洁，并检查该法兰的平面度是否保持在给定的公差范围内。可以将回转支承吊装到底座的安装平面上，用塞尺检查回转支承与克令吊立柱顶端底座法兰面之间的间隙，如间隙在直径的万分之二平面度变形范围内方可进行回转平台的安装，如果达不到要求，则需对顶端法兰平面进行修正，直至平面度要求达标。如图3-6所示。

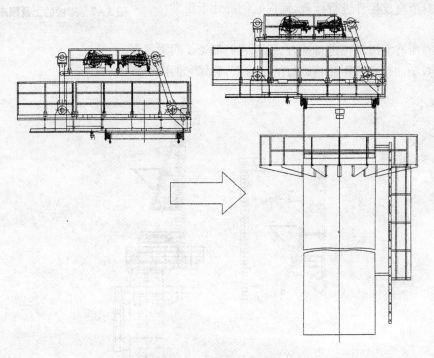

图3-6　回转平台安装图

（5）将克令吊回转支承吊到筒体底座的正上方，并小心放到底座上，应避免二者的突然碰撞，在接近到一定距离后，至少用3个导向销对准螺孔定位。

（6）根据零件表检查螺栓长度（只能使用零件表上所规定的螺栓型号，在螺栓头的下方应垫上零件表及总图上所规定的淬硬垫圈）。

（7）每根螺栓的螺纹涂上二硫化钼润滑脂来进行润滑（因为这种润滑脂在拧紧力矩时具有相对的稳定性，同时它还是一种防锈剂）。

（8）回转支承与底座的螺栓连接：克令吊底座平台平稳吊起，并保持回转支承下端水平，同时使用牵引绳防止平台在空中摆动、回转。

①螺栓连接应对称进行，并分两次上紧。

②第一次按螺栓拧紧力矩的50%预紧。

③第二次按螺栓拧紧力矩的100%紧。

④螺栓的上紧顺序按1→2→3→4对称进行，如图3-7所示。其余依此类推，最后100%地拧紧力矩，逐个检查一遍旋紧螺栓是否牢牢地紧固在底座平台上。

⑤所有螺栓旋紧后，松开起重钢丝绳，并在螺栓两头注入保护油脂装上塑料帽。

⑥在回转轴承平台安装后，须检查电气用电接线滑环在吊装底座内是否安装好。

5. A 形架的安装,如图 3 - 8 所示。

(1)将 A 形架上部的附件安装在 A 形架上部。

(2)将 A 形架上部与 A 形架下部安装在一起。

(3)连接 A 形架上、下部分的电缆及所有附件。

(4)进行吊臂与 A 形架之间的连接。

(5)连接吊臂与 A 形架之间的电缆、液压管路。

(6)对所有连接件进行检查,确保它们都处于正常

状态。

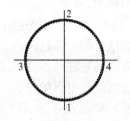

图 3 - 7　螺栓的上紧顺序

(7)对所有润滑部位进行检查,确保它们都处于润滑状态。

(8)对柴油箱和液压油箱进行清洁检查,确保它们内部清洁。

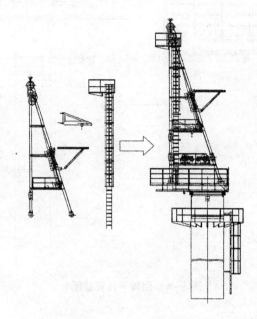

图 3 - 8　A 形架的安装

6. 驾驶室的安装,如图 3 - 9 所示。

(1)将驾驶室安装到旋转平台上,连接好所有螺栓、螺母。

(2)按液压系统原理图将驾驶室与旋转平台、A 形架之间的管路连接好。

(3)按电气原理图将驾驶室与旋转平台、A 形架之间的电路连接好。

(4)加油、加润滑脂。

①给吊机加规定型号的清洁液压油。

②检查主、副绞车,变幅绞车,回转机构的减速箱,是否已加满规定的润滑油。

③给吊机所有油泵、油马达加满液压油(从泄油口加入)。

④回转平台上主、副绞车,变幅绞车空载运行正常,所有润滑点加注润滑脂。

7. 吊臂的组装,如图 3 - 10 所示。

(1)将吊臂各段按顺序摆放在一平坦、稳定的表面上,各段吊臂下应铺垫枕木。

(2)使用销轴将各分段小心连接起来,分别组装到位。

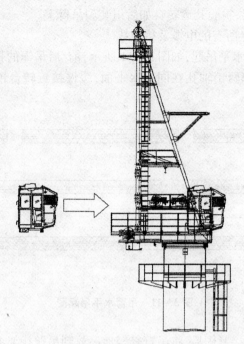

图 3 - 9　驾驶室的安装图

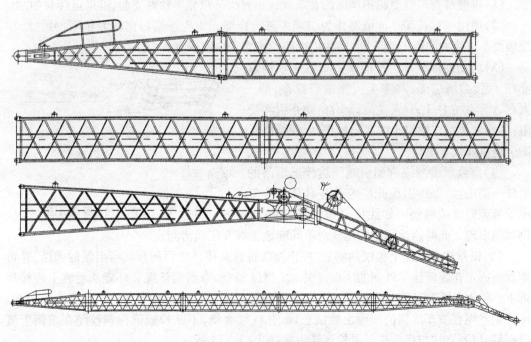

图 3 - 10　吊臂的组装图

（3）将吊臂上所有的走道、栏杆扶手、照明灯、航空标识灯、电缆等组装到吊臂上；拆掉吊臂滑轮上所有的保护层，检验其运转自如后组装到吊臂上。

（4）连接、安装吊臂上所有的电缆及接地线。

（5）将组装好的吊臂水平吊起，如图3－11所示，前/后吊绳的长度应相等，注意不要损坏吊臂油漆。使吊臂根部两销轴孔在同一水平面，缓慢接近转台销轴孔，小心地将销轴安装好。

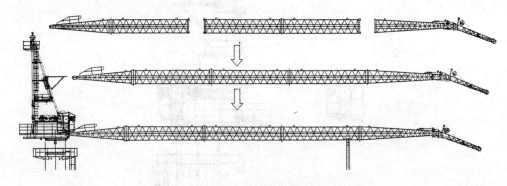

图3－11 吊臂水平吊起图

（6）当吊臂与转台连接紧固后，将吊臂轻轻地吊放到吊臂托架上。

（7）连接安装吊臂与转台之间的所有电缆与接地线，并进行全面检查。

8. 穿吊臂变幅、钩头上升/下降钢丝绳如图3－12所示。

（1）将缠绕有吊臂变幅钢丝绳的卷筒放在吊臂头部滑轮下放并支起，确保运转自如。

（2）使用一根长580 m麻绳作为引绳来进行穿绳。引绳一端与钢丝绳相系，另一端在变幅绞车滚筒的凹槽上绕2圈，即使用变幅绞车作为穿绳绞盘。

（3）启动变幅绞车。按图3－12将变幅钢索穿好，缓慢缠绕引绳，共需4人来进行操作，即1人在A形架立柱上；1人在吊臂头部，防止引绳受阻；另外2人在变幅绞车的两边操作，以使缠绕后的引绳离开绞车滚筒。

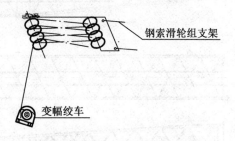

钢索滑轮组支架

变幅绞车

图3－12 变幅钢丝绳穿绳简图

（4）继续缓慢缠绕直到引绳到达绞车滚筒的另外一侧法兰，保持引绳此位置并将其移回滚筒原始缠绕侧继续缠绕。如此反复操作，直到变幅钢丝绳出现。此时给运行中的钢丝绳不间断地涂抹专用润滑脂。

（5）钢丝绳在滚筒上缠绕两圈后，停止缠绕将其夹住。之后解开其与引绳的绑结，并将钢丝绳固定在滚筒法兰外侧的压板绳夹上。继续缠绕，直到钢丝绳套环能从卷轴上轻松地拆下。将钢丝绳套环穿过吊臂头部，并将其系到立柱上。继续缠绕直到吊臂刚刚被吊起。确保钢丝绳在绞车滚筒的凹槽上缠绕正确，并继续缠绕，不断检查确保钢丝绳在滚筒上缠绕良好，以及立柱与吊臂头部滑轮运转正常，如图3－13所示。

（6）启动主、副绞车，重复（1）~（5）条的步骤，进行主、副钩头钢丝绳的穿绳工作，但与吊臂变幅钢丝绳相比存在以下两点不同：

①穿主、副钩头钢丝绳只需使用150 m长的麻绳作为引绳。

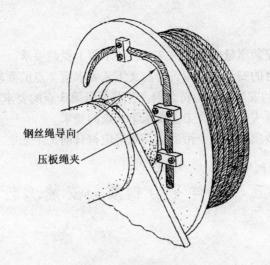

图 3 – 13　钢丝绳固定图

②应检查吊臂上所有的滑轮运转是否自如。

(7)按图 3 – 14 将主起升钢索穿好。

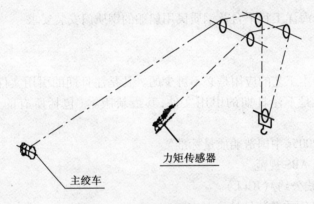

图 3 – 14　主起升钢索穿绳简图

(8)按图 3 – 15 将副起升钢索穿好。

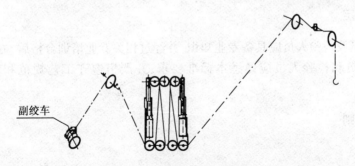

图 3 – 15　副起升钢索绳简图

(9)保持钢丝绳的张力,以防滚筒上缠绕的钢丝绳发生错位。

七、检验

1. 克令吊立柱的安装质量应符合前文工艺要求第 1 点的要求。
2. 克令吊回转平台的安装质量应符合前文工艺要求第 2 点的要求。
3. 转台上 A 形架的安装质量应符合前文工艺要求第 3 点的要求。
4. 臂架的安装质量应符合前文工艺要求第 4 点的要求。
5. 克令吊电气安装质量及克令吊的运行效果应符合前文工艺要求第 6 点的要求。

任务三　海洋平台钢质门安装工艺规范

一、概述

本工艺规定了钢质门安装工艺,但对于有特殊要求的钢质门,应按其图纸要求及其编制的相应工艺文件执行,并且取得船东船检的认可。

二、适用范围

本工艺适用于海洋工程平台及钢质民用船舶的钢质门安装要求。

三、引用标准

下列文件对于本工艺的应用是必不可少的。凡是注日期的引用文件,仅注日期的版本适用于本文件。凡是不注日期的引用文件,其最新版本(包括所有的修改单)适用于本文件。

1. CB 4000—2005《中国造船质量标准》。
2. 美国船级社 ABS 规范。
3.《国际载重线公约》(ICLL)。
4. CB/T 3324《钢质舾装件精度要求》。
5.《舾装设计手册》。
6.《船舶舾装设计新技术新思维与安装新工艺新标准实用手册》。

四、人员规定

1. 施工人员及检验人员应具备专业知识,并经过相关专业培训合格后,方可上岗。
2. 施工人员和检验人员应熟悉本标准要求,并严格遵守工艺规范和现场安全操作规程。

五、检验规则

1. 检验分类
本标准检验分型式检验和出厂检验。
2. 型式检验
有下列情况之一时,产品应进行型式检验。

（1）新产品试验定型检验。

（2）产品转厂生产的第一次产品要做新产品试验。

（3）产品的结构、材料、工艺有较大的改变时。

（4）根据主管部门的要求定期进行。

3. 出厂检验

（1）受检的产品必须按照规定的图样和技术文件安装完整，处于受检状态。

（2）外购件、外协件应具有合格证书。

（3）试验设备和量具应具有鉴定合格证书。

（4）具有产品合格证及材质证书（如钢板材质证书，橡胶条有防火要求需提供橡胶条的防火证书等）。

4. 包装、运输和储存

（1）包装应附带产品合格证及材质证书。

（2）运输时应避免碰撞及雨淋。

（3）储存应保持干燥、通风，不受雨淋，不得与酸、碱、盐类物质接触。

六、安装工艺过程

安装前先对钢围壁、门的安装部位进行整形，开孔尺寸四周 200 mm 范围内，平整度应保持在 ±1.5 mm，无边角毛刺。

测量钢围壁开孔对角线误差不超过 2 mm。焊接顺序如下：

1. 安装点焊顺序（长度 20 mm）：①—②—③—④—⑤。

2. 焊接顺序：1—2—3—4—5。

3. 采用 CO_2 保护下行焊。

减少焊接热量，按照图 3-16 顺序焊接。

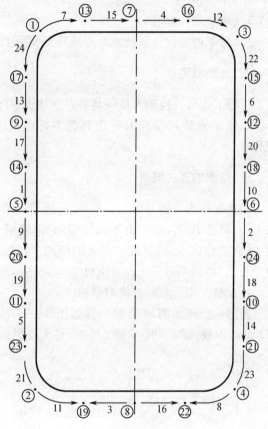

图 3-16　钢质门安装点焊顺序和焊接顺序图

任务四　海洋平台格栅安装工艺规范

一、概述

本工艺规定格栅安装工艺。

二、适用范围

本工艺适用于海洋工程平台及钢质民用船舶的格栅安装要求。

三、引用标准

下列文件对于本工艺的应用是必不可少的。凡是注日期的引用文件,仅注日期的版本适用于本文件。凡是不注日期的引用文件,其最新版本(包括所有的修改单)适用于本文件。

1. CB 4000—2005《中国造船质量标准》。
2. 美国船级社 ABS 规范。
3.《舾装设计标准》。
4.《船舶舾装设计新技术新思维与安装新工艺新标准实用手册》。

四、人员规定

1. 施工人员及检验人员应具备专业知识,并经过相关专业培训合格后,方可上岗。
2. 施工人员和检验人员应熟悉本标准要求,并严格遵守工艺规范和现场安全操作规程。

五、格栅的形式概要

钢格栅作为一种开敞板式钢构件,适用于绝大多数海洋工程平台船用通道平台以及检修平台,但是不同区域以及不同船型,对钢格栅的要求也不相同。针对钢格栅选型的多样性,本着节约成本、满足规范要求的原则,特编制钢格栅此工艺。以下是钢质、玻璃钢形式典型介绍(格栅型号依据设计文件)。

1. A 型 - 模压酚醛玻璃钢格栅

A 型 - 模压酚醛玻璃钢格栅如图 3 - 17 所示,它是防滑型,尺寸:38 mm × 38 mm × 152 mm;承载:每米跨距承载 1 吨时,最大变形量为 5.88 mm;理论质量:18.5 kg/m²。

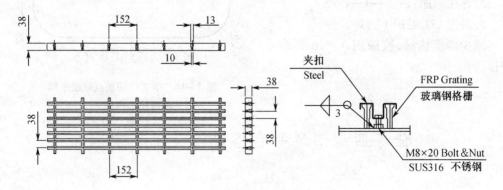

图 3 - 17　A 型 - 模压酚醛玻璃钢格栅详图

2. B 型 - 模压酚醛玻璃钢格栅

B 型 - 模压酚醛玻璃钢格栅如图 3 - 18 所示,它是防滑型,尺寸:38 mm×38 mm×40 mm;承载:0.9 m 跨距承载 1 吨时,最大变形量为 6.29 mm;理论质量为 19.9 kg/m^2。

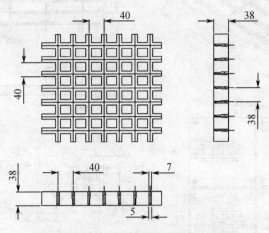

图 3 - 18　B 型 - 模压酚醛玻璃钢格栅详图

3. C 型 - 钢格栅

C 型 - 钢格栅如图 3 - 19 所示,它是防滑型,尺寸:38 mm×38 mm×40 mm;承载:每米跨距承载 1 吨时,最大变形量为 6.25 mm;理论质量:40.5 kg/m^2。

六、安装工艺要求

1. 防干涉检查

预防格栅干涉,现场进行必要的检查,安装前根据安装图纸、现场的实际情况、安装人员的经验,确认铁舾装件是否与其他专业的结构/设备有干涉,发现问题与相关部门联系。

2. 依据施工图纸要求

安装根据设计安装图纸进行,安装前核对图纸的发放记录,确认施工依据图纸为最新图纸。

3. 铺吊搬运

可拆钢格栅的尺寸需要考虑到使用人工搬运时的质量限制,参照 ABS 人体工程学中所列负重能力为单体 20 kg,考虑到双人搬运,可将格栅单块质量限制为 40 kg,大于 40 kg 则需吊装安装。

4. 支撑布置原则

钢格栅支撑布置于承载扁铁底部,钢格栅承载支撑架上的支撑长度不得小于 25 mm。支撑间距布置需考虑所在区域对钢格栅负载及其挠度的限制要求。

5. 格栅固定

需要活动和可拆卸的钢格栅,用专用的安装夹具固定,每块钢格栅所需安装夹的数量不得小于 4 个。露天区域的螺栓与夹具需使用不锈钢的。管路与电缆穿过格栅的,切孔后需要焊接围板。

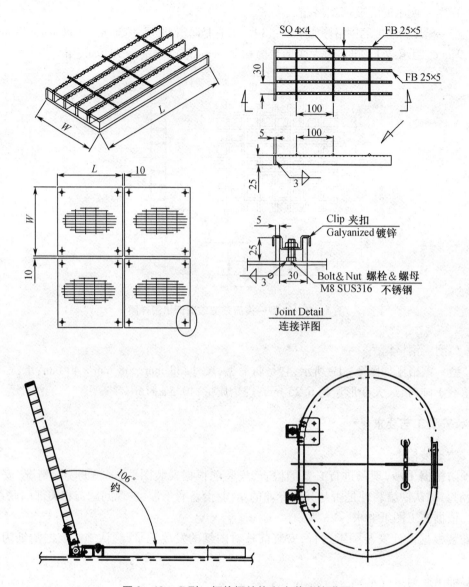

图 3 − 19　C 型 − 钢格栅结构和安装连接详图

6. 安装焊接环境要求

（1）有焊接工序的，焊接应在干燥、防风、整洁的生产场地进行或采取遮蔽、防潮等相应措施。焊接区域的辅助设施和脚手架应使焊接方便、安全。

（2）其他焊接要求根据工艺部相关焊接工艺进行。

七、格栅安装 HSE 要求

1. 施工单位进行事先安全确认、清除杂物，避免作业时高处坠落物伤人。

2. 梯子搭设及时，保证作业工人上下安全。

3. 由于甲板面上施工单位多、立体交叉施工多，要做好相应的安全措施和施工协调工作。

任务五 花钢板安装工艺规范

一、概述

本工艺规定指导花钢板安装工艺,目的在于指导花钢板安装规范、美观,提高报验通过率,提高船东的满意度。

二、适用范围

本工艺适用于海洋工程产品及钢质民用船舶机器处所花钢板安装要求。

三、引用标准

下列文件对于本工艺的应用是必不可少的。凡是注日期的引用文件,仅注日期的版本适用于本文件。凡是不注日期的引用文件,其最新版本(包括所有的修改单)适用于本文件。

1. CB 4000—2005《中国造船质量标准》。

2.《船舶舾装设计新技术新思维与安装新工艺新标准实用手册》。

四、人员规定

1. 施工人员及检验人员应具备专业知识并经过相关专业培训合格后,方可上岗。

2. 施工人员和检验人员应熟悉本标准要求,并严格遵守工艺纪律和现场安全操作规程。

五、花钢板安装程序

现场细化施工图→花钢板下料→整形、背面编号→预装、螺栓预紧固(操控部位开孔)→自检(美观 + 踩踏试验)→初次报验→拆卸、打砂、油漆→正式安装→最终报验。

六、花钢板施工基本工艺要求

1. 花钢板下料尺寸保证在 ±1 mm 范围内。

2. 固定沉头螺钉数量要求:四边形花钢板 4 个,花钢板尺寸大(超过 800 mm)的不少于 6 个;不规则形状视情况而定。

3. 平行相邻花钢板保证平行度,偏差不大于 ±3 mm。

4. 每块花钢板都有可靠的支撑,装完测试无悬空现象,沉孔螺栓紧固后,无凸起现象。

5. 安装完成后,花钢板整体进行平整,无凸起、凹陷情况。

6. 安装完成后,每一块进行踩踏试验,争取一次性向船东报验。

7. 预装完成、船东报验后,进行花钢板标号,用焊珠作业,打砂、涂装过程中采取保护措施,防止变形(焊珠作业时防止花钢板变形)。

8. 如果支撑现场改动大,花钢板下料尺寸以现场复测尺寸为准。

9. 现场切割花钢板时,需在钢尺、钢针画线后进行,精准切割,打磨整齐、美观。

10. 沉头螺钉位置保证纵横两方向都在一条线上(肉眼观察),特殊情况除外。

七、保证花钢板整齐、美观的工艺要求

1. 以通道相对中心拉线施工(图 3 – 20),保证花钢板的整齐度,距拉线偏差保证在 ±2 mm 范围内。

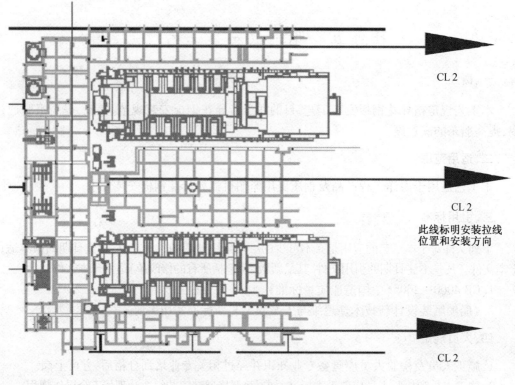

图 3 – 20　安装顺序和方向

2. 安装顺序。

(1) 艏艉方向,从舱尾到舱艏(如图 3 – 20 箭头所示)。

(2) 左右舷方向:从右舷到左舷。

(3) 保证把安装误差累积到一块花钢板上进行调整。

八、花钢板开孔工艺要求

在花钢板下部阀门操控把手的位置,花钢板开孔按图 3 – 21 施工,具体尺寸根据安装图现场情况确定。

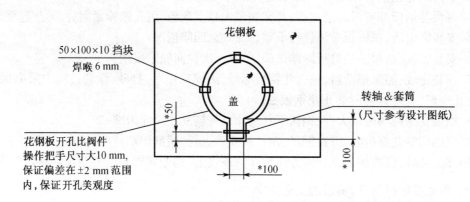

图 3 – 21　花钢板开孔典型图

任务六　钢质家具安装工艺规范

一、范围

本规范规定了海洋平台舱室钢质家具安装施工前准备,人员、工艺要求,工艺过程和检验。

本规范适用于各类船舶钢质家具的安装。

二、术语和定义

1. 落地式钢质家具。

落地式钢质家具是采用螺栓或焊接的形式固定在甲板或底座上的家具。

2. 壁挂式钢质家具。

壁挂式钢质家具是采用螺栓、自攻螺钉或焊接形式固定在围壁上的家具。

3. 吊顶式钢质家具。

吊顶式钢质家具是采用焊接和螺栓形式吊挂在舱室顶部的家具。

三、施工前准备

1. 技术资料。

施工前,首先仔细阅读钢质家具布置图、托盘表。

2. 物资材料。

施工前,要了解钢质家具是否到货、配套附件是否短缺。钢质家具要经过进厂前的质量检验,并应具有产品合格证书。凡未经过质量检验认可的产品,不准上船安装。

3. 施工工具。

施工前,应把所有的施工工具——尺、石笔、弹线盒、角尺、打磨机、焊接切割工具等准备好。

四、人员

1. 施工人员上岗前,应进行专业知识和安全生产知识的应知、应会培训,考核合格方能上岗操作。

2. 电焊工上岗前,应进行专业知识和安全生产知识的应知、应会培训,考核合格并达到电焊工三级资格方能上岗操作。电焊工上岗时,必须持特殊工作上岗证。

五、工艺要求

1. 安装的钢质家具名称、规格、位置应符合钢质家具布置图的要求。

2. 钢质家具安装后应保持垂直或水平。

3. 钢质家具的安装必须牢固,不得摇晃和发出金属碰撞声。

4. 施工后焊缝表面应均匀、光滑,不得有没焊透、裂缝、夹渣、气孔、焊穿、咬边、毛刺、焊瘤、飞溅或漏焊等缺陷。

5.用螺栓固定的钢质家具,螺栓必须配弹簧垫圈,安装时螺帽应拧紧,不得松动。

6.安装后的钢质家具表面应平整、光洁,金属薄板折边必须平直,不应有裂缝,表面油漆应完好无损。

7.钢质家具安装后,其抽屉、柜门等应开关自如,灵活,无卡死现象。

六、工艺过程

(一)落地式钢质家具

落地式钢质家具根据不同的安装部位可分为预埋件形式和直接固定形式。

1.预埋件形式。

(1)安装工艺程序

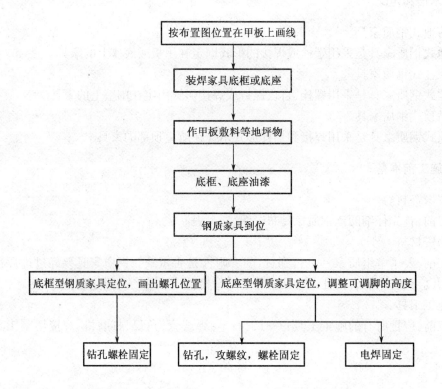

(2)安装工艺及方法

①画线

按钢质家具底座图布置要求,在甲板上画出底座位置线。

②装焊钢质家具预埋件

按画线位置,装焊对应家具的底框、底座预埋件。对底框型家具,应确保底框架平面水平,若有偏差,应切割修正;对底座型家具预埋件,应确保底座面在同一平面,且保持水平。

③钢质家具到位

待甲板敷料、塑胶地板等地坪物敷设完后,可安装钢质家具,按钢质家具布置图的对应位置查看底座预埋件,清除预埋件上的杂物,将钢质家具移动到位。

④钢质家具固定

（a）底框型钢质家具如图 3 - 22 所示。

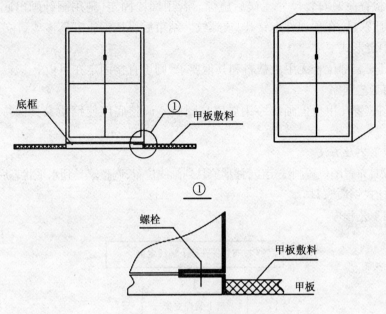

图 3 - 22　底框型钢质家具

把底框型钢质家具放在已预埋的底框上,若家具上有螺孔位置,则用画针在底框上画出螺孔,画好后移开家具,对底框钻孔;若家具上无螺孔,则家具在底框上定位后,直接在家具底部相应位置钻孔,穿透底框,然后用螺栓固定。直接在钢质家具底部和底框一起钻孔时,应在家具的角上各钻一个孔,且应钻好一个就用螺栓固定一个。这样可防止钻孔时家具移动。

（b）底座型钢质家具如图 3 - 23 所示。

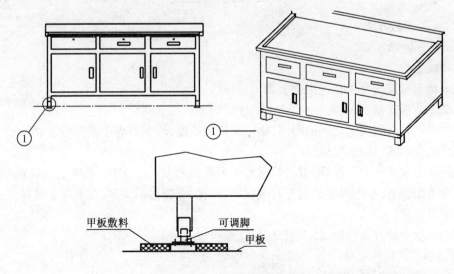

图 3 - 23　底座型钢质家具

把底座型钢质家具移动到位,检查底座和预埋件位置是否正确,确认无误后,调整底座可调螺栓,使钢质家具的高度、水平度、垂直度满足图纸要求。若采用电焊固定,则每个脚点焊定位,再检查一遍安装尺寸无误后施焊。若用螺栓固定,则用画针画出底座上的螺孔位置,移去钢质家具,在预埋件上钻孔,攻螺纹。结束后再把钢质家具移动到位,拧紧螺栓。

2. 直接固定形式。

钢质家具安装部位若无甲板敷料和其他要求,则可直接固定在甲板上。

(1)安装工艺程序

按布置图位置在甲板上画线→钢质家具到位→调整底座使钢质家具保持垂直或水平→焊接固定。

(2)安装工艺及方法

按钢质家具布置图位置画线定位,移动家具到画线位置,调整家具到水平状态后焊接固定。

(二)壁挂式钢质家具

(1)安装工艺程序

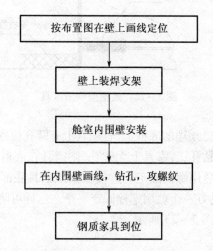

按布置图在壁上画线定位

↓

壁上装焊支架

↓

舱室内围壁安装

↓

在内围壁画线,钻孔,攻螺纹

↓

钢质家具到位

(2)安装工艺方法

如图 3 - 24 所示。

①画线定位

按家具布置图的要求在钢围壁上画出定位线。

②壁上装焊支架

按内围壁板与钢围壁之间的距离,确定支架的高度,修正后焊于钢围壁上。

③内围壁画线、钻孔、攻螺纹

钢围壁上家具支架装焊后,进行舱室复合岩棉板安装。结束后,在壁上安装钢质家具,按家具布置图位置,在内围壁画出开孔线,然后钻孔,穿透吊柜支架,在支架上攻螺纹。

④家具固定

按内围壁上的开孔位置,放上家具,拧紧螺栓。

(三)吊顶式钢质家具

1. 安装方法如图 3 - 25 所示。

(1)画线

按钢质家具布置图位置,在顶部甲板画出钢质家具上部支架定位线。

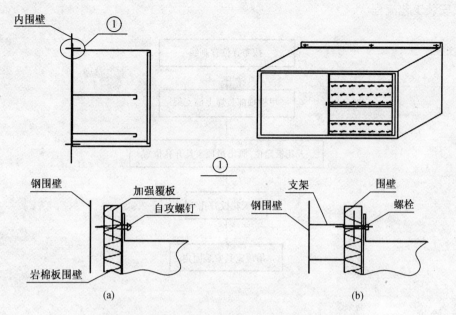

图 3 – 24 壁挂式钢质家具内围壁安装图

(a)10 kg 以下的钢质家具的壁挂形式;(b)10 kg 以上的钢质家具的壁挂形式

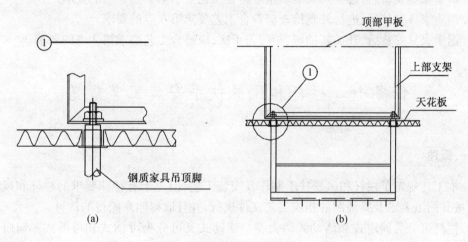

图 3 – 25 吊顶式钢质家具

(2)装焊上部支架

按画线位置,根据天花板上部高度修正上部支架,之后焊接固定。

(3)天花板安装到位,画出吊顶家具开孔位置

上部支架装焊结束、涂油漆后,安装天花板,在天花板上画出吊顶家具开孔位置。

(4)天花板开孔

根据吊顶家具上的螺栓尺寸在天花板上钻孔,穿透上部支架。再按照钢质家具吊顶脚的尺寸把天花板上的钻孔开大至能插入家具吊顶脚。

(5)钢家具固定

天花板安装结束后,在天花板开孔处装上钢质家具,拧紧螺栓。

2. 安装工艺流程。

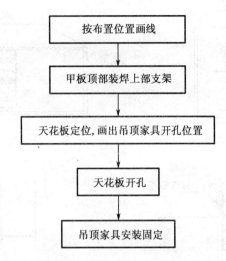

七、检验

1. 钢质家具安装后,检查其安装位置应符合工艺要求第 1 点的要求。
2. 钢质家具安装后,检查其安装质量应符合工艺要求第 2 至 5 点的要求。
3. 钢质家具安装后,进行外观检查应符合工艺要求第 6 点的要求。
4. 钢质家具安装后,开关其抽屉、柜门若干次,应符合工艺要求第 7 点的要求。

任务七 栏杆和风暴扶手安装工艺规范

一、概述

1. 本工艺规定了栏杆和风暴扶手制作及安装工艺,但对于有特殊要求的栏杆和风暴扶手,应按其图纸要求及其编制的相应工艺文件执行,并且取得船东船检的认可。

2. 栏杆可分为固定式和活动式两大类。活动式又可分为可倒式和可拆式。钢质固定式栏杆由于其安全可靠,结构简单,施工方便,钻井平台和船舶中应用较为广泛。栏杆的立柱通常用扁钢或者圆管,其扶手和横档一般由链条、钢丝绳、圆钢或圆管组成。对于栏杆设置的高度以及横档的间距,有关的公约、规则和规范都做了明确的规定。

3. 风暴扶手是保证钻井平台和船舶在摇摆时,人员能够有所依靠的装置。其装设在上层建筑或甲板室的外围壁上,以及舱壁的内走廊围壁上。

4. 《1996 年国际船舶载重线公约》规定:在干舷甲板及上层建筑甲板所有开敞部分,应装设牢固的栏杆或者舷墙,舷墙或者栏杆的高度至少 1 000 mm。一旦相关高度妨碍钻井平台和船舶正常工作时,可准许采用较小的高度,但需提供适当防护措施,并经主管机关认可。栏杆的最低一挡与平面的高度应不超过 230 mm,其他各挡的间隙应不超过 380 mm。栏杆立柱之间的距离应不超过 1 500 mm。另外,主要船级社规范与《国际船舶载重线公约》规定相似。

二、适用范围

本工艺适用于海洋工程平台及钢质民用船舶的栏杆和风暴扶手安装要求。

三、引用标准

下列文件对于本工艺的应用是必不可少的。凡是注日期的引用文件,仅注日期的版本适用于本文件。凡是不注日期的引用文件,其最新版本(包括所有的修改单)适用于本文件。

1.《GB 4000—2005 中国造船质量标准》。

2.《挪威船级社 DNV 规范》。

3.《美国船级社 ABS 规范》。

4.《中国船级社 CCS 规范》。

5.《国际载重线公约(ICLL)》。

6.《舾装设计手册》。

7.《GB/T 663—1999 船用栏杆》。

8.《船舶舾装设计新技术新思维与安装新工艺新标准实用手册》。

9.《GB 13912—2002 热镀锌标准》。

10.《GB/T 3324 钢质舾装件精度要求》。

四、人员规定

1. 施工人员及检验人员应具备专业知识并经过相关专业培训合格后,方可上岗。

2. 施工人员和检验人员应熟悉本标准要求,并严格遵守工艺规范和现场安全操作规程。

五、栏杆和风暴扶手工艺要求

(一)栏杆

栏杆的类型分为固定式和活动式两大类,如图 3 – 26 所示为典型的固定式栏杆。如图 3 – 27 所示为典型的活动式栏杆(仅做形式介绍,栏杆制作按照设计图纸进行)。

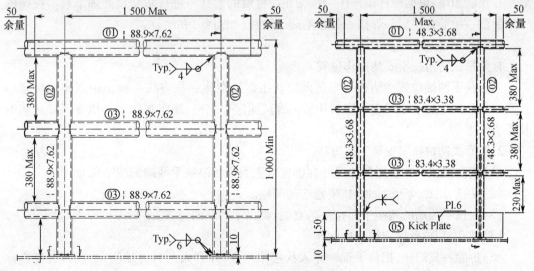

图 3 – 26　典型的固定式栏杆

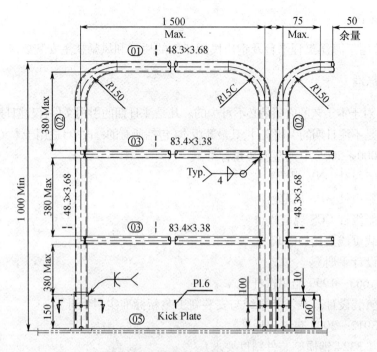

图 3 – 27　典型的活动式栏杆

1.装设的栏杆至少有三挡,最低一挡的开口应不超过 230 mm,其他各挡的间距不得大于 380 mm。如设有圆弧形舷缘,则栏杆支座应置于甲板平坦部位。

2.栏杆离地面至少 1 m 的距离,且栏杆立柱与立柱之间的间距不大于 1.5 m。

3.至少每三根立柱有肘板或斜撑。

4.安装的栏杆必须牢固且无明显震动和响动。

5.露天甲板区域四周必须无舷墙、无遮挡区域,必须设有栏杆防护。

6.焊接镀锌栏杆的时候,应打磨掉镀锌层后再做焊接。

7.预制顺序:根据栏杆制作图→准备相应材质的型材→进行防锈预处理下料→按照施工图装配→检验合格后→焊接→打磨毛刺→镀锌(如需要)和涂装。

(二)风暴扶手

1.风暴式防浪扶手安装操作过程。

画出扶手两端位置→钻孔→螺丝固定扶手两端端座→拉直线→画出中间座的位置→钻孔→螺丝固定扶手中间座→安装扶手→螺丝固定中间座、端座和扶手→检查风暴式防浪扶手直线度。

2.风暴式防浪扶手安装工艺方法。

(1)按防浪扶手布置图具体尺寸在围壁板上画出防浪扶手两端的端座尺寸。

(2)钻孔,用螺丝暂时固定扶手两端的端座。

(3)在扶手两端的端座中间拉一条直线,画出中间座的位置。

(4)钻孔,用螺丝固定扶手中间座。

(5)拆除一只端座,把扶手逐一穿入扶手中间座,并套入至另一端座,然后再装复拆除的一只端座。

（6）用螺丝固定中间座、端座与扶手。

（7）检查风暴式防浪扶手的直线度。

（8）风暴式防浪扶手安装节点如图3-28所示。

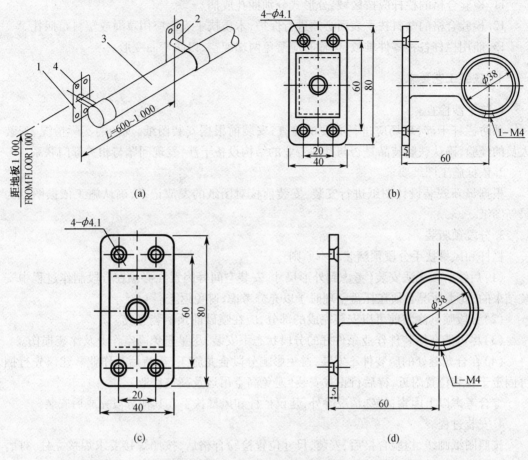

图3-28　风暴式防浪扶手安装节点图
1—扶手端座；2—扶手中间座；3—扶手；4—螺钉

六、检验要求

1.船用小五金应采用耐久、滞燃和耐蚀的材料制成。

2.船用小五金结构应合理，外形美观，有足够强度，便于安装。

3.船用小五金紧固螺孔间距的公差应确保装配的互换性。

4.风暴扶手端座固定在独立围壁板处，内要设加强板，若固定在肘板处，固定螺丝要穿过肘板的面板和底板两层，端座和扶手要有螺丝固定，使其不能转动。

5.所有金属零件表面应无毛刺、尖角、裂纹及其他影响美观和强度的缺陷。

6.链条扶手下垂的最大挠度应不超过50 mm，用安全钩与栏杆柱连接。

7.硬木扶手应无缺陷、开裂及裂缝等缺陷，塑料扶手不应有裂纹、毛刺等缺陷。

8.可倒栏杆和可拆栏杆在工作状态必须有防松及防倒装置。

9.栏杆的金属零件制成后应涂两层防锈底漆或根据订货方要求按GB 13912—2002进

行镀锌。

10.特殊情况外,栏杆柱应设置在肋位上,且每隔三根至少设一个支撑或等效肘板支撑。

11.检验合格的栏杆应按区域、分形式分别捆扎成捆。

12.检验合格的塑料扶手表面必须进行保护,木质扶手表面应用草绳或塑料布捆扎。

13.船用栏杆各种零件堆放、运输时应避免两端架空,以防弯曲变形。

七、安装工艺要求

1.防干涉检查。

预防栏杆干涉,现场应进行必要的检查,安装前根据安装图纸、现场的实际情况、安装人员的经验,确认铁舾装品是否与其他专业的结构设备干涉,发现问题与相关部门联系。

2.依据施工图纸要求。

根据最新安装设计图纸进行安装,安装前核对图纸的发放记录,确认施工依据图纸为最新图纸。

3.分段预舾装。

栏杆和风暴扶手分段预舾装基本原则:

(1)后续阶段无法安装(考虑到外形尺寸、安装空间等因素)、必须在分段制作过程中安装结束的,此类情况必须在托盘整理时予以充分考虑,避免返工。

(2)分段喷砂涂装前可以安装完成的部分,应在喷砂前预舾装完成。

(3)尽可能在舾装件作业条件好的分段状态下安装,尽量避免高空作业及涂装损伤。

(4)在合龙缝处的舾装件不安装,避免影响分段合龙施工,等待后行作业。建议先行捆绑固定于安装位置附近,待后行正式安装(避免高空吊运及高空作业)。

综合考虑以上因素,特殊情况除外,建议栏杆和风暴扶手在其他分段完成后安装。

4.安装过程。

按照图纸画线,检验合格后,安装,尺寸位置检验合格后,按照焊接要求焊接立柱,打磨毛刺,因施焊导致镀层破损的情况,破损处涂以富锌底漆,然后按照涂装要求涂以色漆。

栏杆安装位置误差应不超过 5 mm,肉眼观察没有发现倾斜。

5.安装环境要求。

(1)焊接应在干燥、防风、整洁的生产场地进行或采取遮蔽、防潮等相应措施。焊接区域的辅助设施和脚手架应使焊接方便、安全。

(2)如果在密闭舱室等情况下施工,应按照《动火作业安全管理规定》执行。

(3)其他焊接要求根据工艺部相关焊接工艺进行。

(4)焊接部位如果有镀锌层覆盖,安装前应打磨去除,防止施工人员中毒。

6.交通系统的防震检查及其处理。

交通系统与安全密切相关,栏杆安装完成后进行震动检查,在震动部位加防震件。

任务八　海洋钻井平台绞锚机和锚架安装工艺规范

一、范围

本规范规定了海洋钻井平台锚绞机安装施工前准备,人员、工艺要求,工艺过程和检验。

二、安装施工前准备

1. 有完整的锚绞机安装布置图。

2. 准备好联通玻璃水管,钢丝,直尺,切割、焊接等工具。

3. 根据锚绞机布置图的要求,在安装处甲板区域画出相应的锚绞机的安装定位中心线,并检查甲板表面不平度,应不超过 5 mm/m。

三、人员

1. 装配钳工应具有甲板机械专业知识和安全生产知识,并具备装配钳工中级工以上资格。

2. 电焊工应具有电焊专业知识和安全生产知识,并具备电焊工中级工以上资格。

四、工艺要求

1. 锚绞机安装有甲、乙二种安装方法。

(1)甲种为锚绞机机座与甲板焊接基座间采用金属垫片的方法。

(2)乙种为锚绞机机座与甲板焊接基座间采用浇注环氧树脂垫片的方法。

2. 锚绞机安装后轴系与底座平面必须保持平行。

3. 锚绞机主轴直线水平度的调节应保持轴与底部轴瓦接触均匀,左右间隙对称。

4. 刚性联轴节离合器操作灵活。

5. 连结螺栓紧固件的预紧力达到设备厂商规定的要求。

五、工艺过程

1. 锚绞机金属固定垫板基座安装前的内场准备工作(仅适用于甲种安装法)如图 3 - 29 所示。

(1)按装配工艺要求将固定垫板接触面加工好,上平面刨 1:100 的斜度。

(2)按基座图或实物将每块固定垫板放在相应位置,垫板高度小的一端朝外侧,用夹紧装置将机身、固定垫板、基座一一对应夹紧,并进行定位,将垫板与基座焊接。

(3)画出所有螺孔的位置并钻孔。

2. 锚绞机基座在甲板上安装及焊接。

(1)必须在甲板电焊、火工校验全部结束后,才可吊上基座安装。

(2)将锚绞机基座吊运到甲板相应的部位后找准中心,用钢丝、玻璃联通水管检查,并调整基座上平面,使其保持水平,画出基座上需要气割的部位并做好记号。

(3)用气割修整基座,使基座肘板下沿平面与甲板紧密连接,间隙应不大于 5 mm,同时

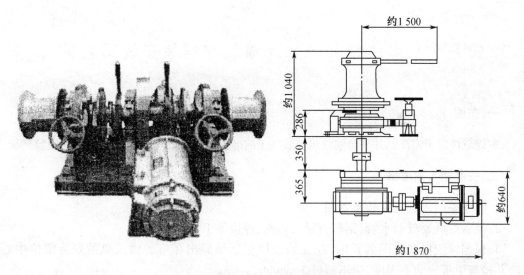

图 3 - 29　海洋钻井平台锚绞机

检查基座上平面的水平程度是否符合要求。

(4)根据基座与甲板焊接工艺图要求,先点焊定位,接着按图每边最长焊接 100 mm,交叉进行,然后依此渐进。焊缝须致密,肘板焊脚高度符合图纸要求。

3.金属调整垫片的制作和安装(仅适用于甲种安装法)。

(1)锚绞机设备吊装到基座上,用顶升螺栓调整锚绞机机座底平面,顶升高度约为活动垫片的厚度,使锚绞机设备处于水平状态。在整个调整过程中用塞尺检查联轴器两平面间的间隙及外圆平行度,使其保持一致,轴承间隙符合技术要求。此时离合器啮合、分离自如。

(2)测量锚绞机底平面与公共基座垫板之间的间隙,并配置相应的金属垫片。垫片与锚绞机底座平面要进行着色检验,要求着色均匀且接触面大于 60%。用 0.06 mm(局部允许 0.1 mm)塞尺测量,允许塞入度不大于 10 mm。

(3)上述垫片做好交验合格后,插入垫片并拧紧紧固螺栓和螺母。拧紧力矩达到设定要求。

(4)拧紧螺栓后,复检各轴承的间隙,检查离合器的啮合与分离,直到符合要求为止。

(5)将止推块放到指定位置,使活络楔块露出接触面约三分之一长度,并将止推块焊牢,装配活络楔块,使其与锚机底座紧密贴合,当接触长度符合要求后将活络楔块与止推块沿接触方向均匀点焊三点。

4.浇注环氧树脂垫片的安装(仅适用于乙种安装法)。

(1)浇注环氧树脂垫片前锚绞机机座状态应达到工艺过程第 3 点第 1 项的要求。

(2)选择合适的浇注环氧树脂垫片的供应商(服务商),其浇注材料、操作规程等均应得到有关船级社的认可,并有多条船浇注工艺的实践经验,必要时应有书面认可文件。

(3)垫片浇注前准备。

①检查已准备好的所需材料。

②环氧树脂、固化剂使用之前,至少将其置于 20 ℃ ~ 25 ℃温度下 12 h。这可以保证最好的搅拌效果和浇注黏度。

③吊装前应清除浇注环氧树脂垫片区域内的牛油、锈斑、氧化铁屑、灰尘、油漆等。

(4)拦挡安装。

①根据设备及安装浇注环氧树脂区域的不同,由供货商提供拦挡尺寸。

②安装挡板使防溢出的高度与宽度在规定的范围内,即宽度为 12~18 mm,高度大于 15 mm,点焊挡板,并在挡板的底边用密封胶泥填住缝隙。

③将泡沫条切割成围料,使其高度大于 6 mm,按照环氧树脂垫片布置图,塞于机身底平面与基座平面之间,螺孔(紧配螺孔除外)也可以用螺栓插入,并将螺母用手拧紧,不管采用哪种方法都要先用不融化油脂充分涂抹。

④将挡板密封好,用脱膜剂喷洒内表面,确认所有可能的泄漏处均被很好地密封。因为在浇注前防止泄漏比浇注后堵漏容易得多。

(5)浇注样块应用与垫块相同的材料,并在相同的环境下同时浇注。

(6)当环氧树脂足够固化后,必须用巴科硬度机检测垫块硬度,达到 40℃,即表明环氧树脂已彻底固化,待取得验船师和船东认可后,将加热器移走,使浇注垫块回到常温。

5.按图纸要求调整刹车支架。

6.按工艺过程第 3 点第 5 项的要求配置好止推块。

7.其他。

(1)浇注环氧垫块施工期间,周围应暂停一切对此有影响的作业,如不能有震动、焊接、打磨等工作,浇注工作应连贯进行。

(2)当用加热器或热风机辅助固化时,注意用电安全,施工周围应有安全标志,并有专人看管。

六、检验

1.锚绞机安装结束后,检查锚绞机主轴直线度是否符合工艺要求第 2、第 3 点的要求。

2.锚绞机安装结束后,检查离合器的操作是否符合工艺要求第 4 点的要求。

3.锚绞机安装结束后,检查联轴螺栓的预紧力是否符合工艺要求第 5 点及工艺过程第 3 点第 3 项的要求。

七、锚架结构

锚架也是存放锚的装置,在工程作业船舶上用得较多,尤其是带有横杆的锚不适合用锚链筒收存。钢丝绳锚索在通过锚链筒时磨损严重,因此采用锚架。

锚架的结构应符合以下要求:

1.锚架应超出船体以外一定的宽度,使得起锚时锚爪不会钩住船底。

2.锚架应该距离水面足够的高度,使得收存的锚在航行(或拖航)时,不会接触水面,以致增加船舶阻力。

3.锚架的形状应能保证,起锚时处于任何位置的锚索,均能顺着锚架移动到将锚拉起后存放的规定位置。

4.通过锚索并卡住锚柄和锚爪的锚架横挡应有足够长的直径,以保证锚索(锚链或钢丝绳)通过时不会产生严重的弯折,使收存的锚保持稳定。

5.锚架应有足够的强度,能承受起锚时及锚拉紧后作用在锚架上的负荷。

锚架结构(图 3-30)的主要构件为一水平的钢管架,其向两侧的延伸宽度足以保证通过导缆器的锚索,在起锚时能自动顺着弓形边缘移动到锚架中间,弓形锚架的中间部分设置防磨腹板,弓形锚架上下设钢管斜撑。

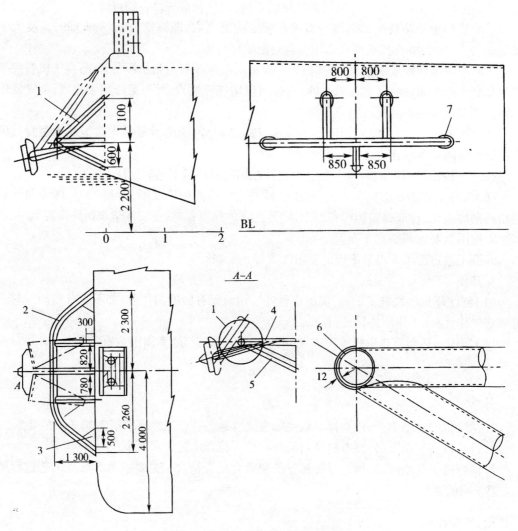

图 3-30 锚架结构及安装示意图

1—上斜撑;2—横挡;3—肘板;4—水平撑;5—下斜撑;6—防磨腹板;7—垫板

任务九 人孔盖安装工艺规范

一、概述

本工艺规定了人孔盖安装工艺,但对于有特殊要求的人孔盖,应按其图纸要求执行,并取得船东船检的认可和同意。

人孔盖是在海洋平台和船舶上广泛应用的舱室进出孔的启闭装置。通常,船舶以及海洋平台上一般都设有许多的液舱(淡水舱、燃油舱、滑油舱等),其舱室分布于干舷甲板或中间平台下、双层底内,通常通往这些舱室的甲板、平台、内底板和舱壁上会开一些孔,并设置人孔盖,供施工人员出入使用,一旦施工作业结束,人孔盖予以关闭。

人孔盖其密性主要分为油密和水密两种,人孔盖的结构和密封材料应保证不低于其所在位置的船体结构的强度和密性要求。

二、适用范围

本工艺适用于海洋工程产品及钢质民用船舶的安装工艺要求。

三、引用标准

下列文件对于本工艺的应用是必不可少的。凡是注日期的引用文件,仅注日期的版本适用于本文件。凡是不注日期的引用文件,其最新版本(包括所有的修改单)适用于本文件。

1.《GB 4000—2005 中国造船质量标准》。

2.《美国船级社 ABS 规范》。

3.《GB/T 3324 钢质舾装件精度要求》。

4.《国际载重线公约(ICLL)》。

5.《舾装设计手册》。

6.《船舶舾装设计新技术、新思维与安装新工艺、新标准实用手册》。

四、人员规定

1.施工人员及检验人员应具备专业知识并经过相关专业培训合格后,方可上岗。

2.施工人员和检验人员应熟悉本标准要求,并严格遵守工艺纪律和现场安全操作规程。

五、人孔盖的形式

见表 3 - 1。

表 3 - 1　人孔盖的形式、应用区域

人孔盖形式	应用区域	备注
TYPE - A	易积水(积油)区域,甲板开口	机舱,泵舱,甲板
TYPE - B	舱壁开口	舱壁
TYPE - C	甲板开口(通道区域)	走廊,通道处所

以下各形式的人孔盖具体尺寸以项目依据的舾装标准和设计文件为准。以下仅做形式介绍,已达到安装时对人孔盖有整体了解的目的。

1.典型的 TYPE - A 型人孔盖的结构形式如图 3 - 31 所示。

2.典型的 TYPE - B 型人孔盖的结构形式如图 3 - 32 所示。

3.典型的 TYPE - C 型人孔盖的结构形式如图 3 - 33 所示。

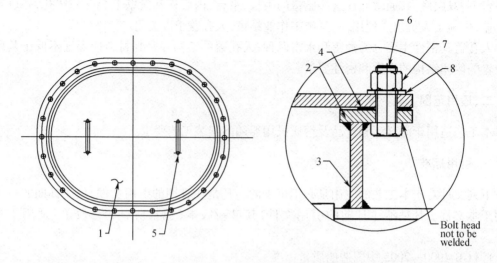

图 3-31　A 型人孔盖的结构形式

1—盖板；2—座圈；3—围板；4—橡胶垫圈；5—把手；6—螺母；7—垫圈；8—螺栓

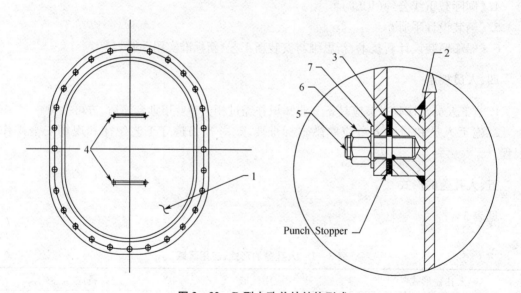

图 3-32　B 型人孔盖的结构形式

1—盖板；2—座圈；3—橡胶垫圈；4—把手；5—螺栓；6—螺母；7—垫圈

六、技术要求

1. 橡胶垫圈的性能要求参数。

(1)拉断强度、拉断伸长率、拉断永久变形试验按《GB/T 528—1998/XG1—2007 硫化橡胶拉伸性能的测定》要求进行。

(2)饮用水舱食用品橡胶垫圈的卫生质量应符合《食品用橡胶垫圈卫生标准》的相关规定。

2. 橡胶垫片质量应符合表 3-2 的规定。

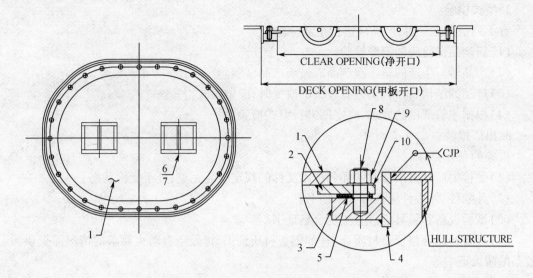

图 3-33 C 型埋入式人孔盖的结构形式

1—盖板；2—盖板座圈；3—座圈；4—围板；5—橡胶垫圈；6—把手；7—把手护板；8—螺栓；9—螺母；10—垫圈

表 3-2 橡胶垫片质量要求

序号	缺陷名称	合格品要求
1	穿孔或气泡聚集	不允许存在
2	海绵状和杂质	不允许存在
3	严重皱纹和水斑	不允许存在
4	裂口	不允许存在
5	发黏或黏附	不允许黏附在一起
6	单个产品气泡	不允许存在

3. 人孔盖表面应光滑，不得有裂缝、毛刺，锐角应倒角。

4. 形式、尺寸及盖板厚度相同的人孔盖应具有互换性。

5. 座圈、盖板和围板的焊缝应保证足够的强度和密性。

6. 保证人孔盖的盖板和座板之间的密封面的平面度。

7. 人孔盖加工焊接完毕后应进行喷砂处理，涂层要求色泽均匀、附着牢固，无漏涂、起泡、针孔、橘皮、干喷、开裂、起霜等缺陷，按照相关涂装文件进行确认。

8. 人孔盖板及座板应用一块整板进行制作，不允许用拼板。

9. 人孔盖关闭后，不得有液体从人孔盖漏出。

10. 不锈钢螺栓、铰链与人孔座圈焊接需使用 E309 焊条。

七、检验规则

1. 检验分类。

本标准检验分型式检验和出厂检验。

2. 型式检验。

有下列情况之一时,产品应进行型式检验:

(1)新产品试验应做定型检验。

(2)产品转厂生产的第一次产品需做新产品试验。

(3)产品的结构、材料、工艺有较大的改变时,应做型式检验。

(4)根据主管部门的要求,应定期进行型式检验。

3. 出厂检验。

检验的条件:

(1)受检的产品必须按照图样和技术文件的规定安装完整,处于受检状态。

(2)外购件、外协件应具有合格证书。

(3)试验设备和量具应具有鉴定合格证书。

(4)具备产品合格证及材质证书(如钢板材质证书,橡胶条有防火要求的情况需提供橡胶条的防火证书等)。

4. 标志。

人孔盖名称标志依据设计规定进行。通常用焊条焊接 3 mm 高度的字母,字母要先画线再焊接,焊接的字体要统一、美观,建议使用薄铁板切割字母,再将字母焊接到盖板上。

5. 包装、运输和储存。

(1)包装应随带产品合格证及材质证书。

(2)运输时应避免碰撞及雨淋。

(3)储存应处于干燥、通风的环境,不受雨淋,不得与酸、碱、盐类物质接触。

八、安装工艺过程

1. 开口:在船体结构下料时直接按图纸位置切割开口;在结构没有开口的情况下,按布置图位置先画线,做画线检验,合格后按线切割开口,误差控制在 1 mm 范围内。校正开口平面度,打磨毛刺,保证平面度偏差不大于 1 mm。

2. 人孔盖位置画线,根据开口线基准画人孔盖安装位置参考线。

3. 安装人孔盖座圈,点焊固定,盖上人孔盖(勿安装橡胶垫),然后根据图纸要求焊角尺寸进行焊接;焊接前对座圈上的螺栓用沥青或胶带进行保护,以免焊接过程中的飞溅损坏螺栓。

4. 进行涂漆前,对焊接区域进行打磨处理,然后按照油漆要求涂漆。

5. 安装在干舷甲板及其以下的甲板、平台、内底板、舱壁各部位的人孔盖应与该部位的船体结构一起做水压试验或充气试验。

6. 安装于液压箱、柜及要求密封舱室上的人孔盖,也应与该箱柜和舱室一起做水压试验或充气试验。

7. 在做人孔盖密性试验时,保证密性的焊缝区域不得涂刷油漆、水泥和敷设隔热材料等。若外界气温低于 0 ℃时,应采取适当的防冻措施。

8. 冲水试验按照船级社要求进行。

9. 试验后,焊缝和密封处等被试验部位应无任何渗漏水(气)现象。

九、安装工艺要求

1. 防干涉检查。

预防人孔盖干涉,现场进行必要的检查,安装前根据安装图纸、现场的实际情况、安装人员的经验,确认铁舾装品是否与其他专业的结构设备干涉,发现问题与相关部门联系。

2. 核对施工图纸。

安装根据设计安装图纸进行,安装前核对图纸的发放记录,确认施工依据图纸为最新图纸。

3. 分段预舾装。

人孔盖分段预舾装基本原则包括:

(1)后续阶段无法安装(外形尺寸、安装空间等因素)、必须在分段制作过程中适当时机安装结束的,此类情况必须在托盘整理时予以充分考虑,避免返工。

(2)分段冲砂涂装前可以安装完整的部分,应在冲砂前预舾装完整。

(3)尽可能在舾装件作业条件好的分段状态下安装,避免高空作业及涂装损伤。

(4)在合龙缝处的舾装件不安装,尽量避免分段线,等待后行作业。建议先行捆绑固定,待后行正式安装(避免高空吊运及其高空作业)。

综合考虑以上因素,建议人孔盖在分段小组阶段安装。

4. 安装要求。

(1)安装的人孔盖的形式、尺寸、位置应符合人孔布置图要求。

(2)人孔盖组件上的螺柱、螺纹要有防护措施。

(3)人孔安装后应保持垂直或水平。

(4)保证舱壁或甲板的平面度。

(5)尽量减少焊接变形。

(6)施工后焊缝表面应均匀、光滑,不得有焊不透、裂缝、夹渣、气孔、焊穿、咬边、毛刺、焊瘤、飞溅或漏焊等缺陷。

(7)安装后注意人孔盖,特别螺栓、螺母的现场保护,避免损坏造成影响后续开闭和返工的现象,提高船东的满意度。

(8)人孔盖螺丝杆拧上螺母后要露出 1~2 螺距,埋入式人孔盖螺丝不能高出甲板面 2 螺距以上。

(9)埋入式安装的人孔盖座圈必须进行全焊透焊接。

(10)人孔盖上的标记必须与所在的舱室相对应。

(11)座圈焊接前必须将人孔盖盖上以后再做焊接。

任务十 海洋平台消防散件安装工艺规范

一、范围

本工艺规定了消防救生散件安装通用工艺,安装前准备,人员、工艺要求,工艺过程,特殊消防散件以设计文件、设备厂家资料为准。

本规范规定了海洋工程产品及其民用船舶消防救生散件安装要求。

二、规范性引用文件

下列文件对于本工艺的应用是必不可少的。凡是注日期的引用文件,仅注日期的版本适用于本文件。凡是不注日期的引用文件,其最新版本(包括所有的修改单)适用于本文件。

1.《GB 4000—2005 中国造船质量标准》。
2.《SOLAS 海上人命安全公约》。
3.《美国船级社 ABS 规范》。
4.《舾装设计手册》。
5.《船舶舾装设计新技术、新思维与安装新工艺、新标准实用手册》。

三、人员规定

1.施工人员及检验人员应具备专业知识,并经过相关专业培训合格后,方可上岗。
2.施工人员和检验人员应熟悉本标准要求,并严格遵守工艺规范和现场安全操作规程。

四、工艺准备

1.技术资料。
施工前,仔细阅读防火控制图、托盘表,必要时,要进行技术交底。
2.物资材料。
施工前,要确定各种救生消防散件是否到货,配套附件是否短缺,是否具有产品合格证书和船级社要求的相关证书,凡不符合质量检验认可的产品,不准上平台安装。
3.施工工具。
尺、石笔、弹线盒、角尺、打磨机、焊接切割工具等。
4.图纸。
防火控制图、各区域消防散件布置图、各区域消防散件安装节点图等。
5.安装工艺流程。
按照图纸,画出安装线→按安装线点焊固定→焊接→打磨→油漆→对照实物尺寸钻孔→上螺丝安装。

五、各种消防散件安装样式

1.水龙带箱安装形式。
(1)水龙带箱在栏杆上的安装形式如图 3-34 所示。
(2)水龙带箱在舱壁上的安装形式如图 3-35 所示。
(3)水龙带箱在内舾装板上的安装形式如图 3-36 所示。
(4)独立安装的水龙带箱安装形式如图 3-37 所示。
2.灭火器的安装形式。
(1)灭火器在舱壁上的安装形式如图 3-38 所示。
(2)灭火器在内舾装板上的安装形式如图 3-39 所示。

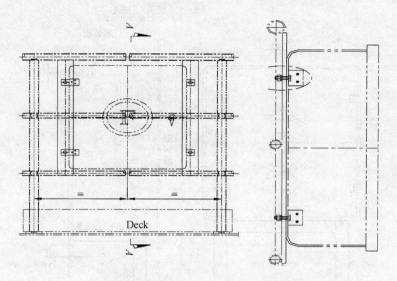

图 3 - 34　水龙带箱在栏杆上的安装

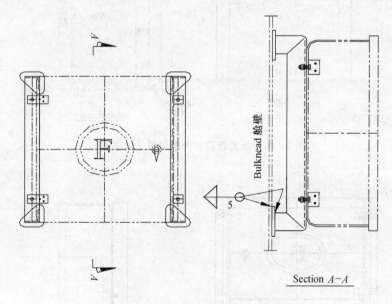

图 3 - 35　水龙带箱在舱壁上的安装

(3)灭火器在镀锌铁板上的安装形式如图 3 - 40 所示。

(4)舟车式灭火器的安装形式如图 3 - 41 所示。

六、工艺要求

(1)安装消防散件前仔细检查周边安装环境,是否与所要安装的消防散件冲突,有冲突影响的可以在不违背防火控制图要求的情况下对位置做现场调整。

(2)在起居处所内不得布置二氧化碳灭火器。在控制站和其他设有平台安全所必需的电气、电子设备或装置的其他处所,所配备灭火器的灭火剂应既不导电也不会对设备和装置产生危害。

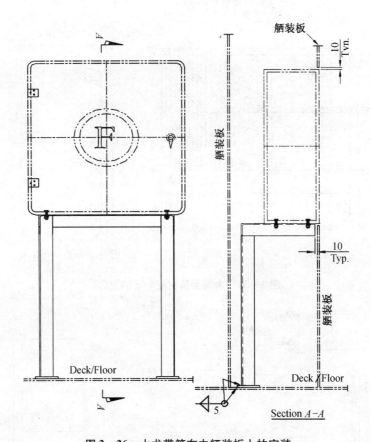

图 3-36　水龙带箱在内舾装板上的安装

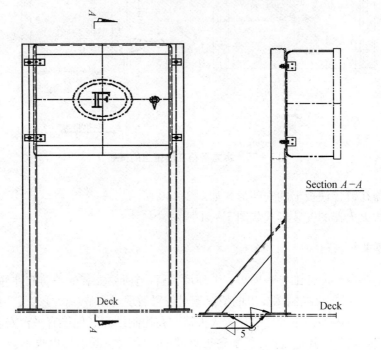

图 3-37　水龙带箱独立安装

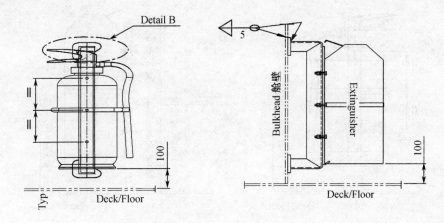

图 3 – 38　灭火器在舱壁上的安装

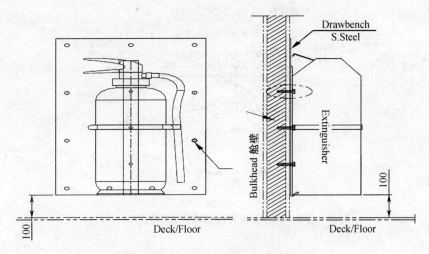

图 3 – 39　灭火器在内舾装板上的安装

　　(3)灭火器应位于易于看到的位置并随时可用。该位置应在失火时能迅速和便于到达,且灭火器所处位置应不会使其可用性受到天气、震动或其他外部因素的影响。

　　(4)备用灭火器存放在"防火控制图"显示的区域内,分类摆放整齐,便于取用。

　　(5)每个消防散件的位置与认可的"消防控制图"所示的位置大体一致,尽量不要偏离太远,以免影响"消防控制图"真实性。

　　(6)提携式灭火器底座安装时必须注意灭火器底部与地面的高度至少不小于 100 mm,以免导致灭火器受潮并影响内装踢脚线的安装。

　　(7)安装消防箱时,须将箱内的水龙带、消防水枪、F 型扳手、G 型扳手取出保管,以免在安装时造成以上附件损坏或丢失。

　　(8)灭火器安装时,勿弄断铅封,且不可拔出保护销。

　　(9)水龙带箱基座的螺孔大小和孔距参照水龙带箱实物。

　　(10)在内装封板区域做埋入式安装的水龙带箱基座高度加水龙带箱自身厚度,不可超出内装板距钢围壁的距离。

　　(11)安装的消防散件及基座须牢固无晃动。

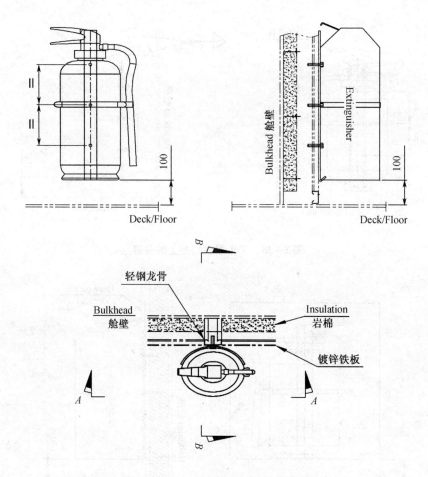

图 3 - 40　灭火器在镀锌铁板上的安装

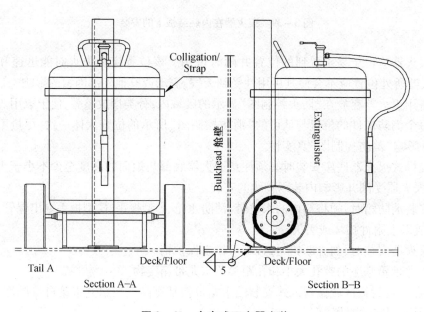

图 3 - 41　舟车式灭火器安装

任务十一　斜梯子安装工艺规范

一、范围

本标准规定了船舶斜梯扶手的分类、技术要求、检验及标志。

本标准适用于各类大、中型船舶上斜度为45°,50°,55°,60°斜梯扶手的设计和制造。

二、规范性引用文件

《GB 700—1988 碳素结构钢》。

《GB 1220—1992 不锈钢棒》。

《GB 5312—1999 船舶用碳钢和碳锰钢无缝钢管》。

《GB/T 3091—2001 低压流体输送用焊接钢管》。

《GB/T 5780—2000 六角头螺栓 C 级》。

《GB/T 6172.1—2000 六角薄螺母》。

三、术语和定义

斜梯扶手:安装在钢质斜梯上的栏杆扶手。

四、分类

（一）斜梯扶手的形式和基本参数

见表3－3。

表3－3　斜梯扶手的形式和基本参数

形式	名称	斜梯斜度	斜梯长度	备注
Aa45	普通型无折角斜梯扶手	$\alpha = 45°$	$L \geqslant 1\ 500$	适用于常规层高
Aa50		$\alpha = 50°$		
Aa55		$\alpha = 55°$		
Aa60		$\alpha = 60°$		
Ab45	普通型有折角斜梯扶手	$\alpha = 45°$		
Ab50		$\alpha = 50°$		
Ab55		$\alpha = 55°$		
AB60		$\alpha = 60°$		
B45	小型斜梯扶手	$\alpha = 45°$	$L < 1\ 500$	适用于较小层高
B50		$\alpha = 50°$		
B55		$\alpha = 55°$		
B60		$\alpha = 60°$		

（二）斜梯扶手的结构和基本尺寸

1. A 型斜梯扶手。

（1）Aa 型斜梯扶手结构和基本尺寸如图 3 - 42 及表 3 - 4 所示。

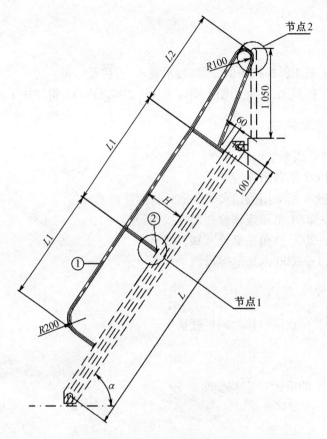

图 3 - 42　Aa 型斜梯扶手结构

1—扶手；2—覆板

（2）Ab 型斜梯扶手结构和基本尺寸见图 3 - 43、表 3 - 4。

表 3 - 4　A 型斜梯扶手基本尺寸　　　　　　　　　　单位：mm

形式	H	L_1	L_2
Aa45，Ab45	550	$(L - 820)/2$	1 000
Aa50，Ab50	500	$(L - 880)/2$	1 060
Aa55，Ab55	450	$(L - 935)/2$	1 120
Aa60，Ab60	400	$(L - 990)/2$	1 180

2. B 型斜梯扶手的结构和基本尺寸如图 3 - 44 所示。

（三）连接方式

扶手与斜梯的连接方式有焊接式和螺栓式两种：

（1）扶手与斜梯焊接式连接如图 3 - 45 所示。

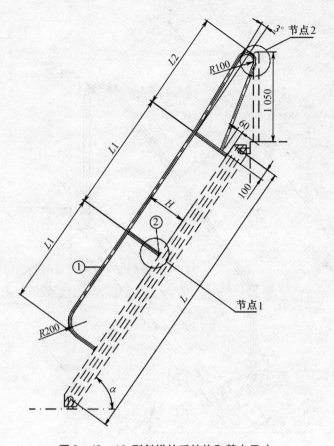

图 3－43　Ab 型斜梯扶手结构和基本尺寸

（2）扶手与斜梯螺栓连接方式如图 3－46 所示。

（3）上部甲板栏杆的连接方式如图 3－47 所示。

（四）标记示例

1. 斜梯扶手 Aa45－4525 Q/SWS 32－001－2003：斜梯长度为 4 525 mm、斜度为 45°的普通型无折角斜梯扶手。

2. 斜梯扶手 B55－1221 Q/SWS 32－001－2003：斜梯长度为 1 221 mm、斜度为 55°的小型斜梯扶手。

五、技术要求

1. 当斜梯长度 $L>4\ 000$ m 时，其扶手中间支撑数量可酌情增加。

2. 主要零件的材料规格见表 3－5。

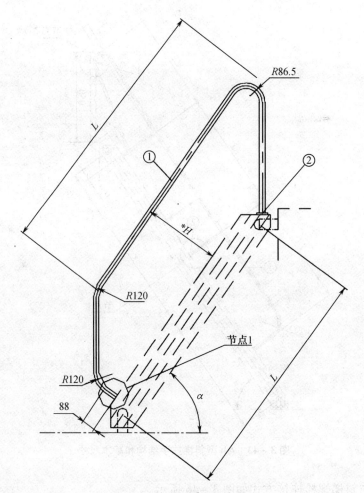

图 3 – 44 B 型斜梯扶手结构

1—扶手；2—覆板

注：*H 值与 α 的关系同 A 型

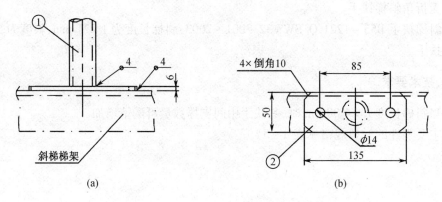

图 3 – 45 扶手与斜梯焊接式连接方式

1—扶手；2—覆板

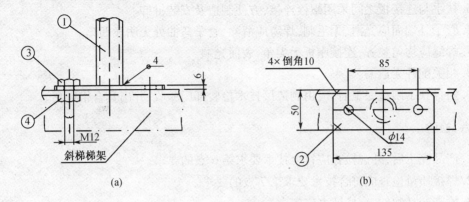

图3-46　扶手与斜梯螺栓连接方式

1—扶手;2—覆板;3—六角头螺栓(M12×45);4—六角薄螺母(M12)

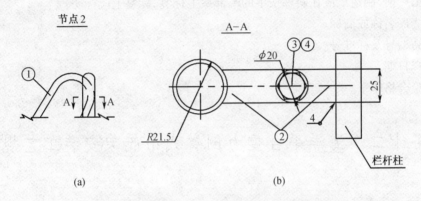

图3-47　斜梯扶手与上甲板栏杆柱的连接方式

1—扶手;2—连接板;3—六角头螺栓(M20×40);4—六角薄螺母(M20)

表3-5　主要零件材料及规格

序号	零件名称	材料		规格 /mm
		名称	标准号	
1	扶手	船舶用碳钢和碳锰钢无缝钢管 或低压流体输送用焊接钢管	GB 5312—1999 GB/T 3091—2001	$\phi42\times3$ $\phi42.3\times3.25$
2	覆板	碳素结构钢(Q235-A)	GB 700—1988	$-6\times135\times50$
3	连接板	碳素结构钢(Q235-A)	GB 700—1988	$-6\times65\times25$
4	六角头螺栓 (CB/T 6790—2000)	不锈钢(1Cr18Ni9Ti)	GB 1220—1992	M12×45 M20×40
5	六角薄螺母 (CB/T 6172.1—2000)	不锈钢(1Cr18Ni9Ti)	GB 1220—1992	M12 M20

3. 扶手与固定栏杆间连接板长度可根据实际需要确定,连接位置现场确定。

4. 斜梯扶手的安装可根据实际情况选定螺栓与焊接两种连接形式。

5. 扶手与连接板之间采用螺栓连接,方便制造及安装拆卸。

6. 管子外端面应光滑、无毛刺,焊渣应清除,管子弯曲处无明显凹陷。

7. 焊缝应均匀整齐,连接座板无尖角,表面光顺。

8. 相关配件无遗漏。

9. 斜梯扶手制造完工后,应由制造厂技术检验部门验收,并出具合格证书。

六、检验

1. 产品完工后,外观检查应符合技术要求第 6 点的要求。

2. 焊接质量检查应符合技术要求第 7 点的要求。

3. 检查产品配件,合格证书应齐全。

七、标志

产品出厂前,制造厂应在斜梯扶手的端部系上标签,标签上应标明:

1. 制造厂名称或商标。

2. 产品型号及标准号。

3. 生产日期。

4. 检验合格印章。

任务十二　海洋平台重力倒臂式吊艇架安装工艺规范

一、范围

本规范规定了收放救生艇重力倒臂式吊艇架装置(以下简称吊艇架装置)的安装施工前准备,人员、工艺要求,工艺过程和检验。

本规范适用于海洋平台和船舶吊艇架装置的安装,其他形式可参照执行。

二、安装施工前的准备

1. 重力倒臂式吊艇架、救生艇绞车、电控系统等出厂前应在试验台上检验合格,并符合船级社规定及有关规范要求。

2. 相关图纸。

有关救生设备在海洋平台的布置图、重力倒臂式吊艇架总图、电控箱总图及各主要部件总成图。

三、人员

1. 安装钳工应具有甲板机械及安装救生设备的相关专业知识,安全生产知识应知应会考核合格,并具备船舶装配钳工中级以上资格。

2. 电焊工要求:电焊专业知识和安全生产知识应知应会考核合格,并具备电焊工中级以上资格。

四、工艺要求

1. 前后吊艇架间的安装距离应相同,保持与甲板垂直。
2. 二吊艇钩的垂直距离应符合所配救生艇的要求。
3. 舷边遥控杆遥控操作,艇内遥控操作应灵活可靠。
4. 艇架绑扎、安装固定稳妥,应急快速释放装置操作灵活,艇体与艇架接触良好。

五、工艺过程

1. 安装吊艇架处甲板区域校正,使甲板保持平整。
2. 根据救生设备布置图,在船上安装吊艇架的位置画出十字定位中心线,特别注意吊艇架的中心距船舷边的距离。复核救生艇安装后该艇舷边是否超过海洋平台主甲板外侧船舷,如图 3-48 所示。

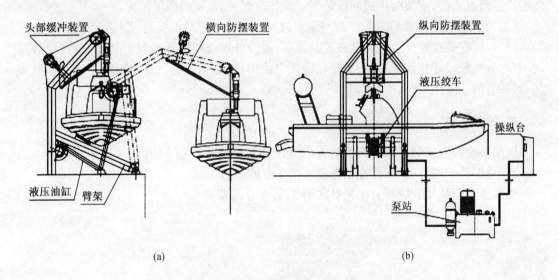

(a)   (b)

图 3-48 救生艇重力倒臂式吊艇架装置示意图

3. 根据救生艇的吊钩间距相应画出艇架座的两条中心线。按图纸要求配置好腹板,腹板调平后与主甲板焊接。
4. 画出救生艇绞车底座的十字中心线,画出舷边的两滑道中心线。
5. 将两个吊艇架座及滑道吊到画线位置定位,并与主甲板调平后焊接,焊装吊艇架底座(注意焊前底脚校准水平)及支撑横杆,安装时应注意测量吊艇架的垂直度及吊艇钩中心距舷边距离。焊妥支撑横杆后,焊装滑道。
6. 装焊登艇平台,其安装按照全船救生设备布置图的要求进行。
7. 安装电动起艇绞车,救助艇绞车吊运到画线位置,基座调平后与甲板焊接,并应拉线来检查绞车钢丝绳出绳走向与各滑轮间的配合。
8. 按照重力倒臂式吊艇架总图,安装其他附件。
9. 穿主钢丝绳。
(1)所有螺旋扣在安装之前要旋到一半。

(2)钢丝绳有长、短两根,请注意不要穿反,靠艇艉处要短一些,靠艇艏处要长一些。

10. 安装限位开关装置,查看限位开关动作。

11. 安装系艇索,注意挂艇之前将系艇索处于自然状态,仅与吊臂上眼板相接即可,可参见系艇装置有关图纸。

12. 安装固艇附件,挂艇前,固艇索仅与吊臂上眼板相连接。在甲板上附件按图安装好。

13. 按图纸及技术文件要求,给所有润滑点加上润滑脂。接通电源,检查电动电机转向是否正确,若不正确则应更换接线柱中的任意两根。

14. 挂艇。

(1)吊重试验结束后挂艇。如果用起重机吊车不好直接吊艇,则将艇放至水面,将吊环挂入艇钩后,起升艇机,使艇从水里起升至存放位置,使止动挡杆复位,用锁紧装置将止动挡杆锁定,使吊臂固定从而使艇固定。按实艇尺寸焊接,现场安装艇支撑,使艇支撑与艇体间的接合情况良好,安装救生艇回收装置。安装系艇装置,安装固艇装置。

(2)翻艇时,浮动滑车的 T 型钩一定要进入吊艇臂的弧形钩板之后才允许吊臂卸载。

15. 焊接安装遥控杆及吊艇索布置。注意:遥控杆定位尺寸要校核;吊臂头部滑轮焊接时,要与救生艇尺寸相匹配;各小滑轮在现场定位焊接;穿钢丝绳注意事项同上述穿主钢丝绳项目一样。

六、检验

1. 吊艇架装置安装后的垂直度检查应符合工艺要求第 1 点的要求。

2. 吊钩间距与艇的匹配符合工艺要求第 2 点的要求。

3. 操作及负载试验应符合工艺要求第 3、第 4 点的要求。

项目四　直升机平台建造工艺

任务一　直升机甲板

一、概述

1. 直升机甲板的用途。

随着科学技术的飞速发展,人们勘探、开发海洋的领域也正在迅速扩大,已经由沿海延伸到近海、远海,甚至远洋。海洋平台的工作场所远离岸上基地。为此需要专门的交通工具往返于基地与平台、平台与平台之间,运送人员、补充给养、运送设备等。由于小船有速度慢、在恶劣天气与海浪情况下不能航行等缺点,因此需要在海洋平台上设置直升机停机场——直升机甲板,如图4-1所示。

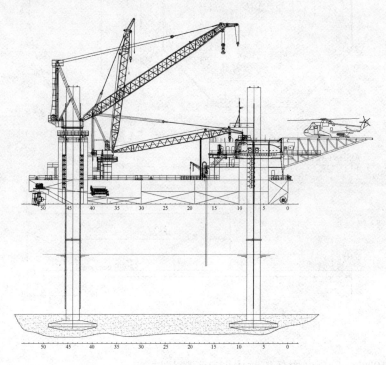

图4-1　直升机甲板在海洋平台上布置示意图

2. 直升机运输的优点。

(1)节约时间。

(2)恶劣海况时,直升机的可靠性和适应能力强。

(3)工作人员可以迅速地往返于岸上与平台之间,更有效地完成他们的工作。

（4）可以更快地得到应急修理的部件,地质采样也可以及时地送到岸上分析。

（5）在遇到意外事故时,伤员可以迅速地转移到岸上的医院。

（6）强烈风暴来临的时候,人员可以迅速从平台撤离。

二、直升机甲板设计要求

1. 直升机机场着陆面积必须足够大,以便满足装载和卸载作业需要。

2. 地面必须清洁,有排水井,并有足够的强度,以支承直升机着陆时的冲击载荷。

3. 直升机甲板要由防腐材料制成,甲板不能有积水,甲板倾斜不能超过 $2°$。

4. 直升机甲板分为 $210°$ 的无障碍区和 $150°$ 的有障碍区,如图 $4-2$ 所示。

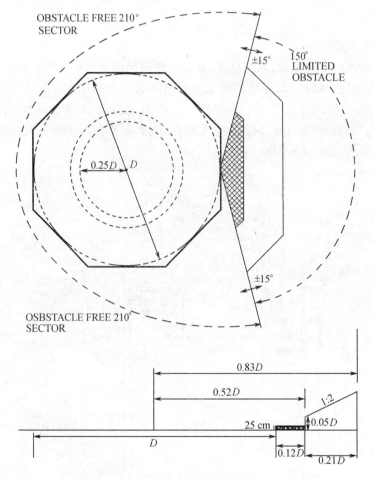

图 $4-2$ 直升机甲板无障碍区和有障碍区划分图

（1）在 $210°$ 的无障碍区内任何物体高度不能超过 25 cm。

（2）有障碍区域:从直升机甲板中心开始测量 $0.62D$ 的范围内,由直升机甲板边缘开始到 $0.62D$ 的范围内。该范围内允许存在障碍物的高度为 $0.05D$。$0.62D$ 到 $0.83D$ 范围内的障碍物高度比例由 $0.62D$ 开始 $1:2$ 的斜线范围。如图 $4-3$ 所示。

（3）$0.83D$ 范围外无要求。

（4）D 是指直升机翼的最大长度,D 的值需要在直升机甲板上标记至少三处,呈 $90°$ 角

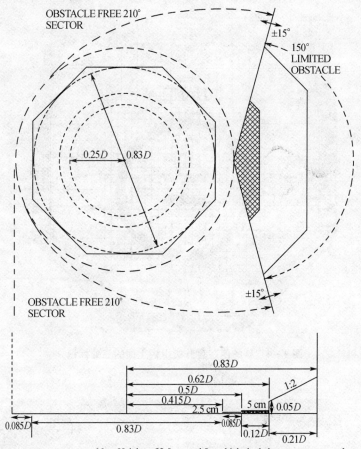

图 4－3　直升机甲板有障碍区域障碍物的高度及障碍物高度比例图

分开,D 值取整数,如图 4－4 中"22"所示,该标志的高度大约为 60 cm。直升机需要在无障碍区起飞和降落,如图 4－4 所示。

5. 根据 NMD 要求,直升机甲板有三条逃生通道,按照大约 120° 一个布置,每个逃生通道处所需要用相应的消防设备和逃生标志,逃生标志需要有英文和挪威文表示,在晚上也应该能够清晰地看到,如图 4－4 所示。一个直升机甲板救援装备箱需要布置在直升机甲板附近,邻近直升机甲板操作室。直升机甲板操作室应能直接到达,其布置不能穿越直升机甲板。

6. 根据 NORSOK C－004,在直升机甲板外围需要有一圈外围走台,该走台宽度至少为 1.5 m,如图 4－4 所示。

7. 如图 4－5 所示,围绕着陆场的中心,用黄色油漆画上圆圈,圆圈内应用白漆漆上正体大写的 H,长约 3 m,宽约 1.5 m,H 记号的边宽应为 0.45 m。具体尺寸见表 4－1(见任务三)。

8. 在直升机场附近应有风标提供实际的风向。有时,着陆场的外围用黄色的界灯,通常也备有探照灯。

9. 考虑到直升机升降的方便与安全,直升机甲板附近应尽可能开阔、无障碍,而且应位于平台上部,因此直升机甲板应布置在平台的上层甲板上,并尽量位于平台一端,这样直升机起飞与着陆时,不影响平台作业。

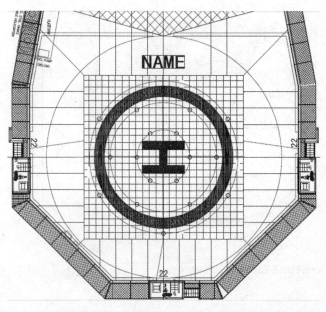

图4-4　D的值在直升机甲板上面的三处标记

图4-5　直升机甲板停机标志

任务二　直升机甲板结构及其建造工艺

一、直升机甲板布置

直升机甲板根据其位置,可以分为上层甲板式、外伸式、上层甲板与外伸结合式。

1. 上层甲板式。

上层(顶层)甲板式是指整个直升机甲板位于海洋钻井平台上部,是海洋钻井平台上层甲板的一部分,只是结构强度按直升机甲板要求确定,较一般上层甲板尺寸大些。这种形式甲板结构简单,强度易于保证,缺点是占用甲板面积太大,给甲板布置带来困难,还会使井架与直升机甲板太近而互相产生干扰。甲板面积较大的平台可采用这种形式。

2. 外伸甲板式。

外伸式直升机甲板是将直升机甲板布置在海洋钻井平台上层甲板的向外延伸部分,由于这种甲板结构属悬臂结构,结构强度差,需要结构加强,因此结构复杂。其优点是不影响平台布置与使用。甲板面积较小的海洋钻井平台可采用这种形式。

3. 结合式。

海洋钻井平台上层甲板与外伸结合式是指直升机甲板部分占用上层甲板,再将这部分甲板向外延伸一部分,这样将大部分甲板载荷由平台主体结构直接承受,少部分由外伸部分承受,这种结构具有强度好、结构简单,对甲板布置影响不大等优点,因此这种直升机甲板结构形式被采用较多。

二、直升机甲板结构形式

直升机甲板一般由平面甲板板架与下部的支撑桁架结构组成,如图 4 - 6 所示。

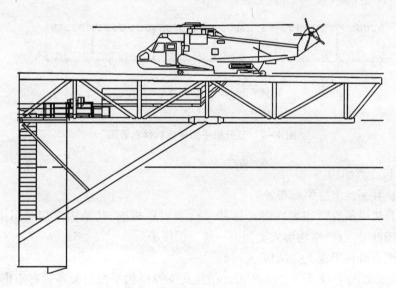

图 4 - 6　直升机甲板结构形式

(一)直升机平面甲板板架

平面板架由型材与板组成如图 4 - 7 所示,与一般的船舶、平台甲板结构相似。型材有普通型材与强型材两种。普通型材一般采用剖面尺寸较小的角钢、球扁钢、槽钢,仅布置一个方向,相当于一般甲板的普通梁(普通横梁或纵骨),强型材则需纵横正交布置,相当于一般甲板的甲板纵桁与强横梁成平面桁架式布置。强型材一般采用“工”字钢、槽钢、“T”型钢。

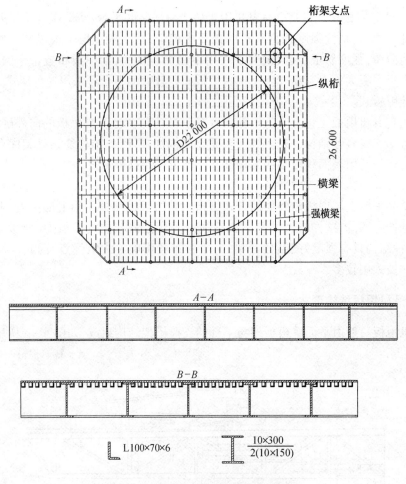

图4-7 直升机平面甲板构件布置图

(二)甲板支撑结构

1. 海洋钻井平台上层甲板布置。

如果直升机甲板直接布置在海洋钻井平台顶层甲板上,其结构直接利用甲板下部的纵、横舱壁,围壁及立柱,结构形式类似于一般上层甲板。

2. 外伸式直升机甲板支撑结构。

(1)桁架式如图4-8至4-10所示。桁架式支撑结构平面桁架布置有矩形桁架、三角形桁架、矩形与三角形桁架结合三种支撑结构。其中三角形桁架应用较多。

上述三种支撑结构两端应支持在强力构件上,以利于力的传递,支撑结构的上部应支持在甲板纵、横强力构件上,下部应支撑在甲板、舱壁(平行于外伸方向)和平台围壁相交处,或者支撑在围壁的强构件上。一般需要局部加强。

(2)肘板式支撑结构如图4-11所示。肘板式支撑结构由尺寸较大的肘板组成,肘板一般为T型材或折边板,肘板形状一般为三角形,肘板的腹板上一般要开减轻孔,布置加强筋。

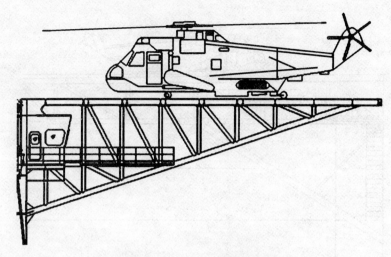

图4-8　三角形桁架支撑结构

三、直升机平台甲板建造工艺

1.直升机平台甲板板拼接。

直升机平台甲板是由多块钢板拼接而成的,板厚为10 mm的钢板在装配平台上画线,钢板吊上平台固定并焊接,在钢板上画纵横构件线。

2.直升机平台甲板纵桁材、强横梁和普通横梁框架装配。

外伸方向的直升机平台甲板纵桁材为6根I300 × 300 × 10 × 15等边"工"字钢,垂直于外伸方向的强横梁为5根I300 ×300 ×10 ×15等边"工"字钢,普通梁为42根L100 ×70 ×6的角钢。如图4 -7所示。

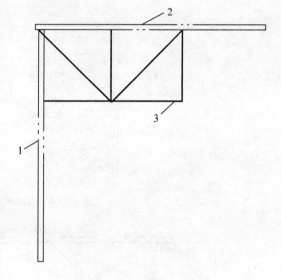

图4-9　矩形桁架支撑结构

在装配平台上画出直升机平台甲板纵桁材、强横梁和普通横梁位置线,吊装纵桁材、强横梁和普通横梁定位,并焊接成框架。

3.支撑桁架装配。

支撑结构为空间桁架式,空间桁架由四个垂直于外伸方向的平面桁架组成,桁架由管材组成。

在装配平台上画出水平杆、支撑杆、竖支撑杆、斜支杆位置线,吊装支撑杆、竖支撑杆、斜支杆定位,并焊接成单片的桁架结构,如图4 -12所示。支撑管坡口形式如图4 -13所示。

4.大合龙。

(1)把直升机平台甲板纵桁材、强横梁和普通横梁框架吊装到拼接并且已画好纵横构件线的直升机平台甲板板上,定位并焊接。

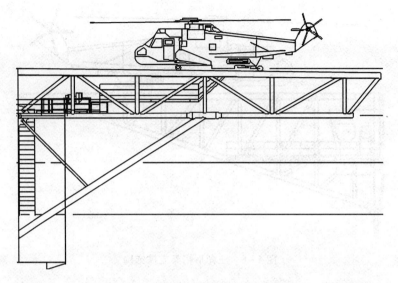

图 4 – 10　矩形与三角形桁架支撑结构

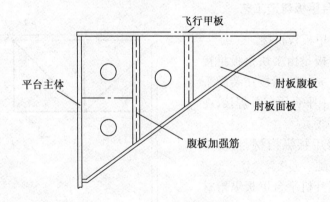

图 4 – 11　肘板式支撑结构

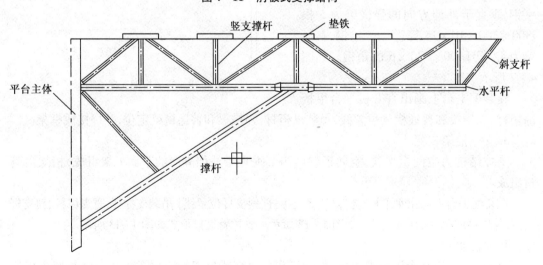

图 4 – 12　桁架结构

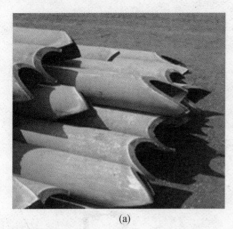
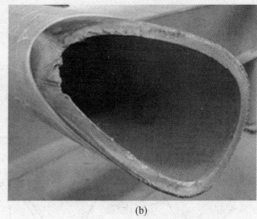

(a)   (b)

图 4 - 13　支撑管坡口形式

（2）装配完成的支撑桁架吊装到直升机平台甲板纵桁材、强横梁和普通横梁框架安装位置并焊接。

（3）安装支持安全网的型钢为 L90 × 56 × 6。甲板周围布置有宽 1.5 m、规格为 32 mm × 80 mm × 5 mm 的安全网。

任务三　直升机甲板上停机标志制作规范

一、范围

本标准规定了在船舶上直升机停靠标志的形式、图形、尺寸和技术要求。

本标准适用于载重量在万吨以上的船舶直升机停靠标志的设计。

二、术语和定义

1. 直升机停靠标志。

用以表明给予直升机悬降与停落在船上位置的标志。

2. 形式。

直升机停靠标志根据形状大小分为Ⅰ型、Ⅱ型两种。

三、图形和尺寸

直升机停靠标志图形和尺寸见图 4 - 14 及表 4 - 1。

表 4 - 1　直升机停靠标志尺寸　　　　　　　　　　　单位:mm

形式	A	B	C	D	T	I	R
Ⅰ型	3 800	1 800	400	400	250	3 000	5 600
Ⅱ型	5 000	3 000	750	800	500	4 500	6 500

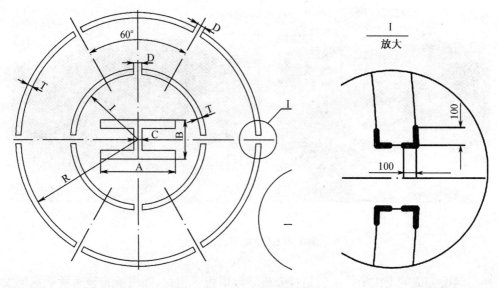

图 4 – 14　直升机停靠标志图形

四、技术要求

1. 直升机停靠标志可根据船型的不同,选择Ⅰ型或Ⅱ型。

2. 直升机停靠标志应先画线确定,然后在图形轮廓边缘角隅两侧 100 mm 范围内用 5 mm 高的焊珠连续堆焊而成。

3. 字母 H 和圆形环带在图形轮廓内均涂以白色油漆,如图 4 – 5 所示。

项目五 海洋钻井平台舱室内装施工工艺

任务一 海洋钻井平台舱室布置图

海洋钻井平台舱室的规划与交通路线的布置影响到海洋钻井平台上人员的合理流动,生活与工作的规律性、逻辑性、合理性,同时也影响空间的合理利用程度和生活的方便、舒适程度。海洋钻井平台上层建筑有了区域舱室的规划,接下来的问题是,如何通过通道、楼梯等将它们有机地组合起来。这里,不能简单地将它们看成是一个划分内外走道和平均分配主次楼梯的问题,而是要将其理解成一个布局的序列,如何通过这种不同的序列设计,让海洋钻井平台上的各区域舱室发挥出最大的功能效用,并使人们在流通的过程中得到美的享受。

平台一至四层甲板舱室布置图,如图5-1至5-4所示。

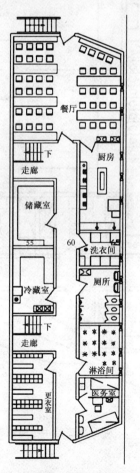

图5-1 平台第一层甲板舱室布置图

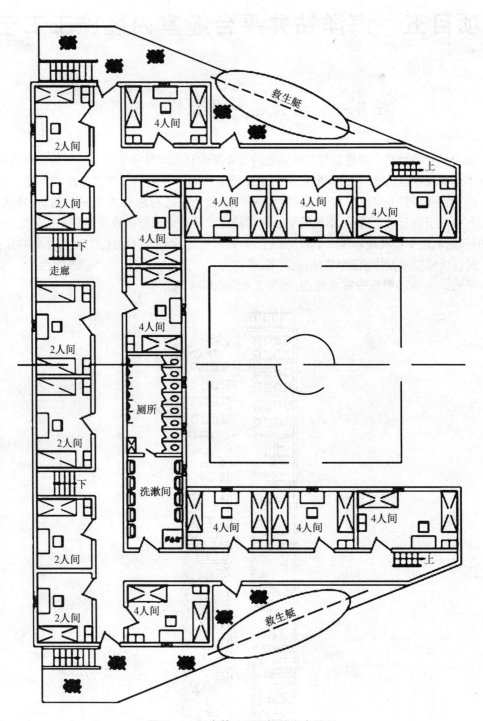

图 5-2　平台第二层甲板舱室布置图

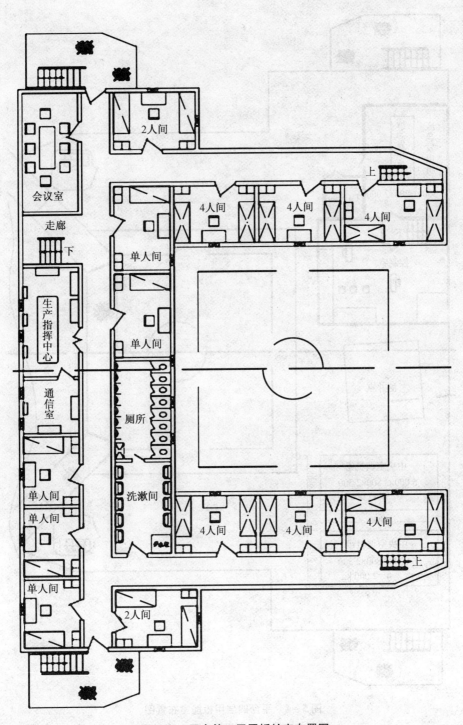

图 5 - 3   平台第三层甲板舱室布置图

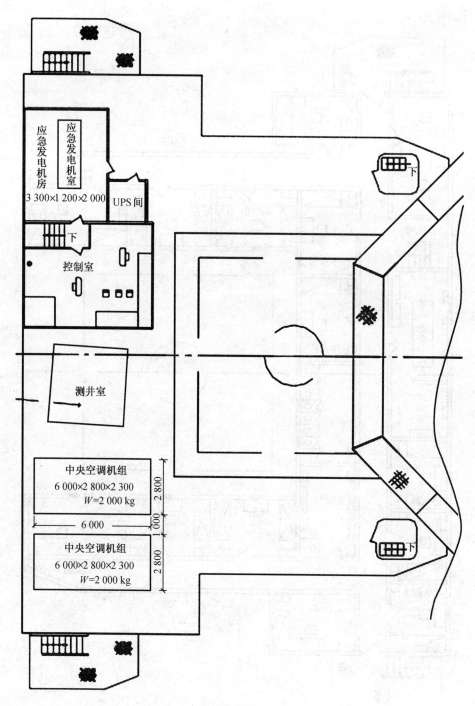

图 5 - 4　平台四层甲板舱室布置图

任务二　海洋平台结构防火的基本概念

一、一般防火措施

海洋平台防火措施分一般防火措施与结构防火措施,一般防火措施涉及许多安全管理内容。营运中的平台,搞好防火关键在于船员,船员不仅要维护各种耐火结构、灭火设备及设施,还要建立一套行之有效的消防管理和训练制度,建立岗位责任制,使船员熟知各项消防管理和训练制度,建立岗位责任制,使船员熟知各项消防设施的作用和功能,以便当火灾发生时能够正确地运用这些设施迅速控制火灾和扑灭火灾。一般防火措施主要涉及燃油、润滑油和其他油类的油舱布置以及通风控制、热源控制等。

二、平台结构防火基本原则

平台作为海上建筑物,为了预防和抑制火灾,应从三个方面入手,即防火、探火和灭火,从这三方面采取措施,构成了完整的船舶消防体系。

防火的措施很多,所谓结构防火则是指根据船舶的类型和所涉及的潜在火灾危险,有效地防止火灾的发生和在一定时间内遏制火灾的蔓延所采取的措施。

《1974 年国际海上人命安全公约 1983 年修正案》在船舶消防方面提供了完整的内容文本,并提出下列使船舶防火、探火和灭火达到最充分、可行程度最高的基本原则:

1. 用耐热与结构性限界面,将船舶分为若干主竖区。
2. 用耐热与结构性限界面,将起居处所与船舶其他处所隔开。
3. 限制使用可燃材料。
4. 探知火源区域内的任何火灾。
5. 抑制和扑灭火源处所内的任何火灾。
6. 保护脱险通道和灭火出入口。
7. 灭火设备的即刻可用性。
8. 易燃货物蒸气着火的可能性减至最低限度。
9. 在有各种开口(如门、窗)和贯穿件(如各种管系、电缆)的情况下,有效地保持耐火分隔的完整性。

现将上述各点简述如下:

1. 主竖区的划分。

平台因运营安全、防火安全的需要,常分为若干主竖区。作为主竖区的限界面舱壁,既应是钢结构又应耐热、绝缘。钢结构是承受载荷、保证强度的需要,耐热、绝缘能延长钢结构在火灾条件下的支撑能力。通常情况下,不隔热的钢结构(即不耐热的钢结构)在常温下具有较强的支撑能力,但这种钢结构不能承受火灾时火焰和高热的炙烤,可能在 5 ~ 10 min 之内就会严重变形,最终很快失去结构强度;反之,经过隔热处理的钢结构,可能在火灾条件下支撑时间延长若干倍,由于结构和隔热的形式不同,耐热结构在火灾中有的可支撑 30 ~ 60 min,有的可支撑 1 ~ 2 h,由此可看出隔热材料对提高钢结构支撑能力的重要作用。

按规范规定,主竖区的水平最大长度不应超过 40 m,根据这一规定,视船舶尺度不同,主竖区有一至多个。主竖区的限界面采用了耐热的钢结构后，就能在一定的时间内发挥阻火隔热的作用，阻止火焰蔓延，这对赢得时间控制和扑救火灾具有重要的作用。

2. 将起居处所与其他处所隔开。

平台处所一般可分为三类，即起居处所、机器处所以及装货处所，三种处所的失火危险程度各不相同。用隔热及结构限界面将起居处所与其他处所隔开，一方面能在一定时间内阻止火焰从一个区域向另一个区域蔓延，防止在短时间内酿成全船大火；另一方面，防止其他处所的火焰蔓延到起居处所对人员造成伤害。总之，将起居处所与其他处所隔开，既阻止了火焰的蔓延，又能形成对人员的安全保护。有时，起居处所失火，只要火焰不向机器处所蔓延，起居处所灭火所需的消防水的供应就能得到保证。

3. 可燃材料的限制使用。

在起居处所内，因为舱室隔热、隔声以及表面装饰的需要，必须设置内装材料。传统的做法是采用大量的可燃材料，如胶合板、刨花板及泡沫塑料等，这些材料的使用，对于舱室的隔热、隔声以及提高舱室的美观无疑是有效的，但同时也增加了舱室发生火灾的危险。因为此类材料以及舱室内的家具、纺织品和各种外露的油漆、清漆及饰面材料等，在火灾时的高热情况下会产生有害气体，其所生成的浓烟对人身安全构成威胁。严格限制可燃材料，广泛使用不燃材料，对保护人员安全是很重要的。另外，从燃烧的三要素角度说，限制可燃材料本身就能抑制燃烧的发生。

4. 探火设备的应用。

平台不可能完全杜绝火灾，一旦发生火灾，如能尽早发现，对扑救和控制火灾有很大作用。消防行业流传的"报警早，损失小"就是这个道理，火警刚起，火灾尚处于起始阶段，扑灭当然要容易得多。所谓探火，就是采用一种能发现火灾的征兆（如烟、热的气流或其他因素）的自动化设备，一旦出现这种征兆，它就能发出警报，以提醒人员采取施救措施。探火设备应选择、配置得当（主要依据所保护处所内的可燃物的特点），并按安全公约的要求进行设计和安装。

5. 灭火设备即刻使用。

一旦出现火情，灭火设备能否即刻使用是至关重要的。有时，明明一点小火，由于处置不当或灭火设备不能即刻投入使用，结果延误了时机，造成了不应有的损失，这种例子并不少见。船上的灭火设备分移动式和固定式两类，前者扑救初起小火，后者用于达到一定规模的火灾。无论何种消防设置，它们的使用都不能错过时机，一旦失去了主动权，后果将很难预料。无论何种情况，千万不能使灭火设备成为虚设，平时要勤检查、保养，一旦要用，要确保即刻可用。

6. 通道的保护。

平台通道有两种，一种是平时供人员使用的出入通道，火灾时用作脱险通道，另一种则为专用的灭火出入口。前者用于人员的安全撤离，为了让逃生者能抵达安全处所，通道的设计应满足：不致被火灾阻断且使逃生者通过最短的距离抵达安全处所，同时在撤离过程中能获得必要的保护。后者主要供消防人员抵达灭火场所，并在必要时安全撤离，这种通道也应具备不被火灾切断的要求。

以上几个方面，虽侧重点不一样，但都是防火、探火和灭火方面的基本原则，本节主要针对防火有关的问题进行阐述，这也是整个船舶消防的基础，体现了以防为主的指导思想。

三、平台耐火分隔的定义

（一）关于耐火分隔的定义

1. 不燃材料：指加热至约750℃时，既不燃烧，也不放出足量能自燃的易燃蒸气的材料。这是按照《国际耐火实验程序应用规则》确定的。其他材料均为可燃材料。

2. 标准耐火实验：指将需要实验的舱壁或甲板的试样置于试验炉内，加热到大致相当于标准时间－温度曲线的一种试验。试验应按照《国际耐火试验程序应用规则》规定的方法进行。

标准时间－温度曲线指下式定义的时间－温度曲线：

$$T = 345 \lg(8t + 1) + 20$$

式中　　T——平均炉温，℃；

　　　　t——时间，min。

3. A级分隔：指由符合下列要求的舱壁与甲板、天花板、衬板所组成的分隔。

（1）它们应以钢或其他等效的材料制造。

（2）它们应有适当的防挠加强。

（3）它们应用经认可的不燃材料隔热，使在下列时间内，其背火一面的平均温度，较原始温度增高不超过140℃，且包括接头在内的任何一点的温度，较原始温度增高不超过180℃。

A－60级	60 min
A－30级	30 min
A－15级	15 min
A－0级	0 min

（4）它们的构造应在1 h的标准耐火试验至结束时能防止烟及火焰通过。

4. B级分隔：指由符合下列要求的舱壁、甲板、天花板或衬板所组成的分隔。

（1）它们应由认可的不燃材料制成，制造和装配中B级分隔所用的一切材料均为不燃材料，但是，并不排除可燃装饰镶片的使用，只要这些材料符合有关的要求。

（2）它们应具有这样的隔热值，使在下列时间内，其背火一面平均温度，较原始温度增高不超过140℃，且包括接头在内的任何一点温度，较原始温度增高不超过225℃。

| B－15级 | 15min |
| B－0级 | 0 min |

（3）它们的构造应在最初半小时的标准耐火试验结束时，能防止火焰通过。

5. C级分隔：指应由认可的不燃材料制成，它们不必满足有关烟和火焰通过以及限制升温的要求，允许使用可燃装饰镶片，只要这些材料符合有关的要求。

6. 连续B级天花板或衬板：指只终止于A级或B级分隔处的B级天花板或衬板。

7. 保持耐火分隔的完整性。

在耐火分隔上开孔安装门、窗、各种管路、电缆和其他结构件时，应采取措施保持耐火分隔的完整性。

（二）防火区域划分图

船舶防火分隔通常由防火区域划分图表示,该图根据 SOLA 公约、各国法规或船级社的规范规定的结构防火的要求表示出舱壁及甲板的防火等级及其范围。图 5-5 所示为典型的防火区域划分图。

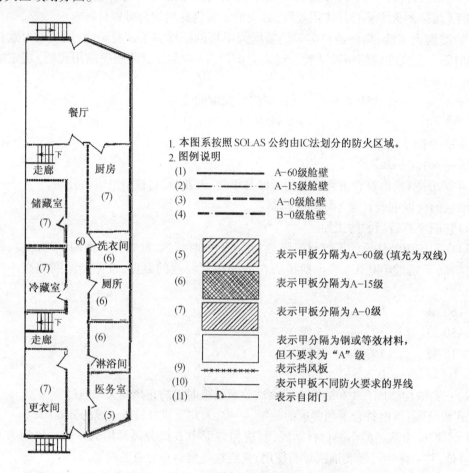

图 5-5　平台生活区第一层甲板防火分隔图

四、舱室的绝缘材料

隔热绝缘材料依靠其松软组织中的气泡产生隔热作用,所以密度小以及气泡小而密的材料,其导热系数相对较低。

（一）国外隔热绝缘材料

1.按属性分为无机材料、有机材料和金属夹层材料。

2.按绝缘材料的形状、形态和构造分类,可分为微孔状材料、气泡状隔热材料和纤维状隔热材料。

（二）国内隔热绝缘材料

一般分为软质和硬质两类。软质材料又可分为无机材料和有机材料,硬质材料大多为无机材料,适用于制作成型件使用,如平板、管件等。

（三）常用隔热材料的主要特性

许多绝缘材料在实际使用时既能满足防火要求,又具有一定的隔声效能或隔热作用,所以最理想的绝缘材料是密度小、导热系数小、吸湿率低,又具有一定强度,无腐蚀性、吸声、耐震、不燃或难燃的材料。

用熔融状无机非金属矿物制成的纤维材料总称矿物纤维。目前国内生产的矿物棉种类有矿渣棉、岩棉、玻璃棉、硅酸铝纤维（陶瓷棉）等。

矿物棉制品的安全使用温度较高,硅酸铝纤维制品是防火隔热的首选绝缘材料之一,岩棉和玻璃棉是目前使用最为广泛的隔声隔热材料。

1. 矿渣棉和岩棉。

矿渣棉和岩棉是两种性能及制造工艺基本相同的矿物棉,具有密度小、强度好、吸声、隔热、防火、耐腐蚀等优良性能,是良好的隔声、隔热、防火材料。

这两种矿物棉的主要成分是氧化硅、氧化钙等,见表 5 – 1。

表 5 – 1　岩棉、矿物棉的主要化学成分

名称/含量(%)/成分	SiO	Al_2O_2	CaO	MgO	Fe_2O_3	$K_2O + Na_2O$
岩棉	40 ~ 42	12 ~ 14	18 ~ 20	11 ~ 13	4 ~ 6	2
矿渣棉	38 ~ 40	10 ~ 12	33 ~ 35	9 ~ 11	< 1	2

矿渣棉是以高炉矿渣为主要原料,其成分中铁含量较低而钙含量较高,所以烧结温度比岩棉低,使用的温度也相对比岩棉低。

岩棉的材料是火山岩、玄武岩、辉绿岩等天然岩石,用冲天炉法或电弧炉法将其熔融,然后采取喷吹法或多辊高速离心法等工艺制成纤维,最后根据不同的用途制成各种纤维制品。

为了提高矿渣棉及岩棉制品的强度和防潮性能,在制棉的过程中常采用酚醛树脂作为黏结剂和有机硅作为防潮剂相混合后掺入原棉。由于含有黏结剂的矿渣棉和岩棉的使用温度比同类的原棉低,所以作为耐火、隔热绝缘材料使用的矿渣棉、岩棉制品要严格控制黏结剂的掺入量,一般不超过 3%。

矿渣棉和岩棉通常可制成密度为 70 ~ 90 kg/m³ 的棉毡、密度为 100 ~ 140 kg/m³ 的缝毡和密度为 120 kg/m³ 的半硬质板或半硬质带,也可以制成密度为 150 ~ 180 kg/m³ 的管制品。

密度为 100 ~ 120 kg/m³ 的岩棉、矿渣棉制品的导热系数见表 5 – 2。

表 5 – 2　岩棉、矿渣棉制品（密度在 100 ~ 120 kg/m³ 时）导热系数

试样平均温度/导热系数	矿渣棉	岩棉
25	0.040 50	0.036 00
75	0.051 50	0.046 00
150	0.068 00	0.061 00
225	0.084 50	0.076 00
300	0.101 00	0.091 00

2. 玻璃棉。

玻璃棉的主要原料是石英砂、石英砂岩或含有二氧化硅的其他矿物原料,有时为了降低玻璃熔融温度、热膨胀系数和析晶性,提高化学稳定性,还适当添加长石、蜡石、纯碱和硼砂等辅助原料。

玻璃棉制棉方法有离心盘法、蒸汽立吹法、火焰喷吹法、离心喷吹法等。其中火焰喷吹法和离心喷吹法制成的玻璃纤维直径在 $3 \sim 4~\mu m$ 之间,即超细玻璃棉。

玻璃棉制棉过程中常以酚醛树脂作为黏结剂、有机硅作为防潮剂掺入,以提高玻璃棉的憎水性,制成较高密度的玻璃棉制品。

玻璃棉的含碱量可影响其安全使用温度,含碱量低于 0.5% 的无碱超细玻璃棉的耐腐蚀性、耐温性均比有碱玻璃棉好。

玻璃棉可加工制成密度为 $30 \sim 40~kg/m^3$ 的棉毡、密度为 $40 \sim 60~kg/m^3$ 的棉板和密度为 $50 \sim 80~kg/m^3$ 的管、壳制品,也可制成密度为 $80 \sim 90~kg/m^3$ 的半硬板。

玻璃棉的导热系数取决于密度、湿度和纤维直径。通常情况下,密度提高,导热系数则下降;而密度达到 $50~kg/m^3$ 后,导热系数趋于平稳;但密度一旦超过 $120~kg/m^3$ 后,导热系数又呈增大趋势。所以玻璃棉具有最佳密度,如超细玻璃棉的最佳密度为 $64~kg/m^3$。

玻璃棉虽是不燃性的无机纤维材料,但不耐高温,所以不能作防火绝缘材料。

密度为 $50~kg/m^3$ 玻璃棉制品的导热系数见表 5-3。

表 5-3 密度为 50 kg/m³ 玻璃棉制品导热系数

试样平均温度/℃	离心玻璃棉/$(W \cdot m^{-1} K^{-1})$	超细玻璃棉/$(W \cdot m^{-1} K^{-1})$
25	0.032 5	0.035 7
75	0.048 5	0.045 2
150	0.065 0	0.059 2
200	0.076 0	0.069 0
250	0.087 0	0.078 5

3. 硅酸铝纤维(陶瓷棉)。

硅酸铝纤维是近年来发展迅速、使用广泛的一种矿物棉,主要原料是高岭土、耐火黏土等天然矿物的煅烧材料,煅烧后的主要化学成分是三氧化二铝和二氧化硅,占 92% ~97%,其他成分仅为 3% ~8%。

硅酸铝棉的黏结剂有无机物和有机物两类,防潮剂常用水乳化硅油,黏结剂和防潮剂的总含量控制在 3% 以内。

硅酸铝干法制品和湿法制品的导热系数等主要技术性能列于表 5-4。

表 5 - 4　硅酸铝纤维毡(简称硅酸率)技术性能

项目	湿法	干法	备注
密度/(kg/m³)	50 ~ 200	60 ~ 200	—
纤维平均直径/μm	≤5	<5	—
渣球含量/%	<5	<8	65 目(直径 0.25)筛上残留量
残留水分/%	<1	<0.2	平均湿度
受热线收缩率/%	<4	<4	1 150 ℃,6 h
导热系数/(W·m⁻¹K⁻¹)	<0.116	$<0.076 T = 425$ ℃ $<0.034 T = 15$ ℃	平均温度
化学组成/%	$Al_2O_3 = 45.7 \sim 51.5$ $Fe_2O_3 < 1.2$	$Al_2 + SiO_2 > 96$ $Na_2 + K_2O < 0.55$	
憎水率/%	>98	>98	—
吸湿率/%	<5	<5	—
防潮剂含量/%	<2	<2.5	—
尺度($L \times B$)/(mm × mm)	1 000 × 500	1 000 × 500	—
不燃性	合格	合格	—
厚度/mm	10 ~ 30	15 ~ 75	—

五、舱室绝缘材料的敷设施工工艺和规范

(一)绝缘材料的敷设方法

绝缘材料的敷设方法因其材料的不同而有各种与之相配套的固定方式。

有支撑固定法、嵌入固定法、胶钉固定法、碰钉固定法,碰钉固定法是目前最广泛使用的绝缘固定方式,碰钉固定法的优点是碰钉紧固可靠,绝缘施工周期短,特别适用于大面积纤维状绝缘施工。

碰钉固定法:碰钉固定的绝缘材料主要是纤维状的矿物棉,按加强型材间距尺寸预制,宜用玻璃丝布包覆后敷设,并加盖弹性紧片(图 5 - 6)锁紧,翘起的弹性钢压片卡在碰钉的螺纹中可防止其回弹脱落。碰钉的密度通常为 15 只每平方米左右(视加强型材间距具体调整)。

顶部如需敷设两层以上绝缘材料时,可将锁紧压片作为第一层紧固,然后再敷下一层,最外层可采用加大的锁紧压片紧固,这样能有效地防止绝缘材料下坠,以致影响绝缘效能。

机舱等工作和设备舱的绝缘通常是绝缘层表面直接加装饰层,而这些舱室内混杂有大量的油气,这些油气一旦渗入纤维状矿物棉中就会改变这些绝缘材料原来的不燃特性。因而公约规定了这类隔热表面应不渗油和油气。防油气渗透的绝缘有多种形式,使用较多的是用铝箔贴在绝缘表面成为防油气渗透的绝缘。铝箔敷设好后,在其接缝或转角处须粘贴铝箔玻璃布胶带以防止油气渗入。此外,还应在这类隔热绝缘材料表面敷设镀锌铁皮或不锈钢板等作为防油气渗透的面层。

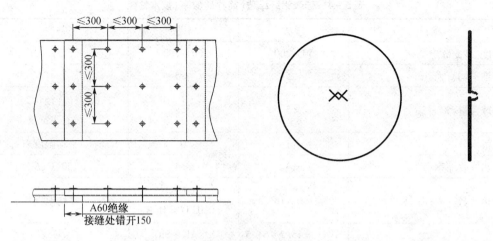

图5-6 绝缘中碰钉的布置和弹性钢质锁紧压片示意图

(二)符合岩棉板舱室系统的安装工艺规范

1. 范围。

本标准规定了民用船舶舱室绝缘(耐火绝缘和隔热、隔声绝缘)的安装要求。本标准适用于民用船舶舱室耐火绝缘和隔热、隔声绝缘的安装。

2. 人员。

舱室绝缘安装的人员应具有绝缘安装的经验,并经专门培训考试合格。

3. 环境。

现场应有良好的照明,施工现场应清除杂物,现场超高的部位应搭好吊板。

4. 设备。

工具和设备应经检验部门定期检验合格。

5. 原材料。

所用材料必须持有制造厂家的出厂合格证和船检证书。对绝缘中采用的陶瓷棉板(硅酸铝纤维毡)应提交材质证书和检验报告,经检验合格的材料方可使用。

6. 技术要求。

(1)图5-5与甲板敷料图共同满足按防火分隔级别中对舱壁和甲板的耐火完整性要求。

(2)凡设绝缘的甲板或舱壁,当遇到与之相交的舱壁或甲板时,所设绝缘材料均延伸450 mm。

(3)A-60级双层绝缘的接缝要错开150 mm以上。

(4)因绝缘的订货规格有限,其中一部分绝缘需现场进行切割。

(5)绝缘安装完后,可能出现一些破损,要用玻璃丝布进行修补。

(6)上甲板 CO_2 室带铝箔布的绝缘,对接缝处及包覆扶强材、强横梁绝缘的边缘均须粘贴铝箔胶布。

(7)外围壁上的钢质门扇内均不安装隔热绝缘。

(8)所有绝缘材料严禁油浸和水淋。

(9)凡需敷设绝缘处所的甲板、钢壁必须在其焊接完毕并火工校正交验结束后进行。

（10）安装在敷设绝缘处所的设备机座、风管支架、通舱管件、电缆托架、天棚板挂绝缘件等铁舾装件及反面的舾装件均须施工交验完毕。

（11）处所的甲板、钢壁表面及铁舾装件必须按涂装相关工艺文件要求涂漆并报验结束。

7.本系统安装主要工艺流程。

施工程序 →型材装焊→ 碰钉→ 清洁施焊点 →补油漆→ 敷设扶强材绝缘材料 →压紧弹簧垫片→ 敷设平面绝缘材料→ 压紧弹簧垫片→ 局部补碰钉→ 碰钉折弯→ 修补绝缘材料开口处。

8.绝缘安装。

（1）划定安装区域，并用粉笔标明绝缘型号。

（2）安装碰钉。

①安装碰钉时，应按图样的布置和安装节点形式所示的件号选择碰钉的长度，碰钉的数量每平方米约16个，碰钉间距控制在250～300 mm之间，绝缘接缝处的碰钉数量可适当增加，并一次性焊足，尽量避免在敷设绝缘时补焊碰钉。

②钉焊时要求垂直于甲板或钢舱壁，并钉焊牢固。

③碰钉安装结束后要对钢材表面被焊接损坏的油漆进行修补、报验。

（3）绝缘材料安装。

①绝缘材料安装应按安装区域、节点形式、材料型号安装。

②绝缘安装要平整，紧贴钢壁或甲板，相邻绝缘板之间的拼缝应严实，局部缝隙最大不允许超过2 mm。

③壁上的绝缘要保证靠近地面的下端面的玻璃丝布完整，双层布置的耐火绝缘的接缝应错开150 mm，需现场切割的绝缘板，切口端要向上敷设。

④围壁扶强材包敷绝缘时，不允许搭接敷设和加焊碰钉。

⑤凡敷设到管系、电器设备、电缆等支架和其他焊接件的部位时，可通过开孔或几块拼接等方法使各部件露出绝缘层，但其余部分要覆盖严实。

⑥窗四周的耐火绝缘应贴合门框和窗框，不应留有缝隙。

⑦装设于天花板内带吊顶型材部位的绝缘应与吊顶型材的安装同时进行。

⑧装压片时，要将压片压紧绝缘材料，并将碰钉的外露部分用专用压弯工具弯到90 ℃。

9.工序检验与验收。

（1）检查安装区域及延伸部位是否符合图样敷设要求。

（2）检查绝缘材料及型号是否符合图样要求。

（3）检查绝缘的接缝是否符合安装技术要求。

（4）检查绝缘是否完整、有无剥离现象。

（5）检查碰钉的数量是否符合图纸要求，压片是否压紧绝缘材料，碰钉外露部分是否按要求弯制。

（三）外围壁及分隔舱壁、隔热绝缘节点示意图

1.隔热、隔音及A－60级防火绝缘。

（1）隔热绝缘典型节点见图5－7。

（2）隔音绝缘典型节点见图5－8。

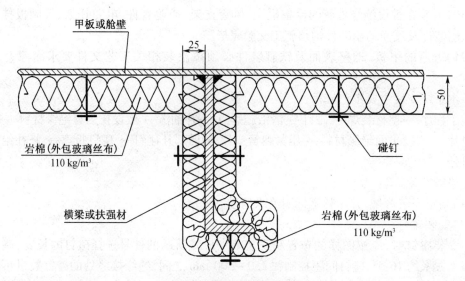

图 5 – 7　隔热绝缘典型节点

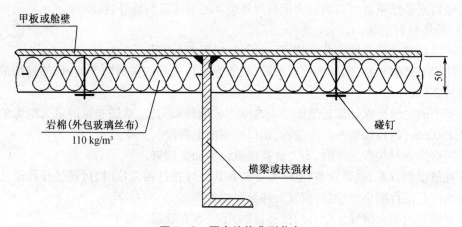

图 5 – 8　隔音绝缘典型节点

(3)A – 60 级防火单层绝缘陶瓷棉典型节点见图 5 – 9。

当型材高度大于 450 mm 时,绝缘包扎高度为 450 mm。

(4)A – 60 级防火双层绝缘陶瓷棉典型节点见图 5 – 10。

当型材高度大于 450 mm 时,绝缘包扎高度为 450 mm。

2. 绝缘延伸。

(1)隔热、隔音绝缘延伸节点见图 5 – 11。

(2)A – 60 级绝缘延伸节点见图 5 – 12、图 5 – 13、图 5 – 14。

(3)A – 60 级甲板敷料的绝缘延伸节点见图 5 – 15。

3. 通道围壁和风道处绝缘。

通道围壁和风道处绝缘典型节点见图 5 – 16。

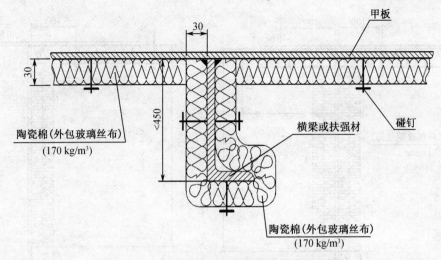

图 5 - 9　A - 60 级防火单层绝缘陶瓷棉典型节点

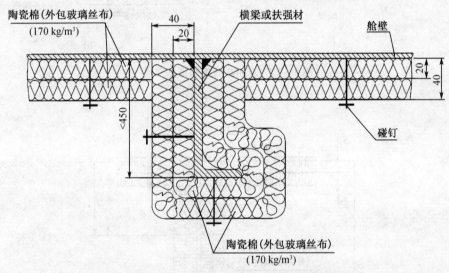

图 5 - 10　A - 60 级防火双层绝缘陶瓷棉典型节点

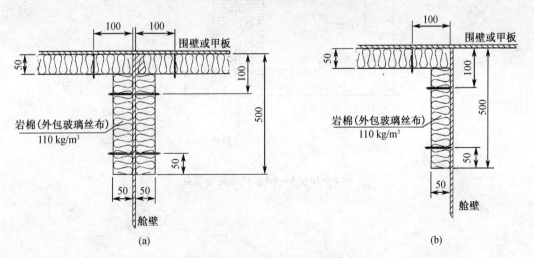

图 5 - 11　隔热、隔音绝缘延伸节点

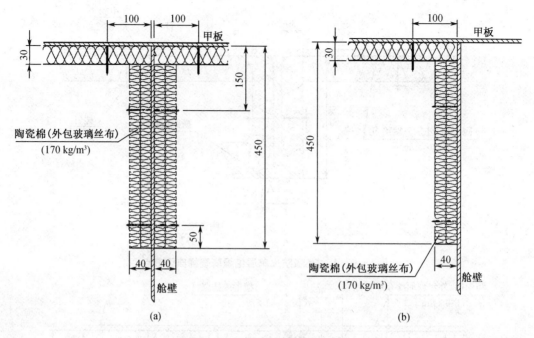

图5-12 A-60级绝缘延伸节点

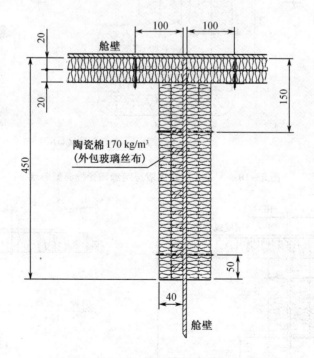

图5-13 A-60级绝缘延伸节点

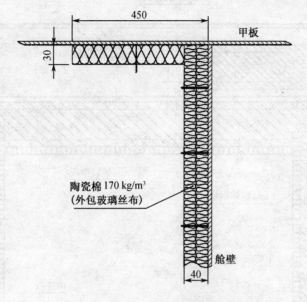

图 5 – 14 A – 60 级绝缘延伸节点

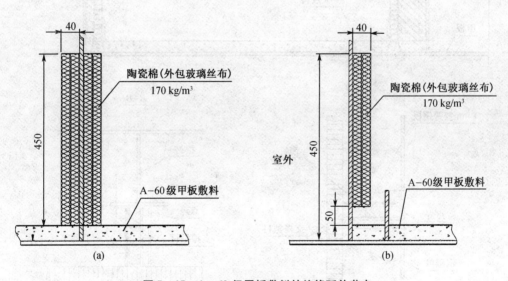

图 5 – 15 A – 60 级甲板敷料的绝缘延伸节点

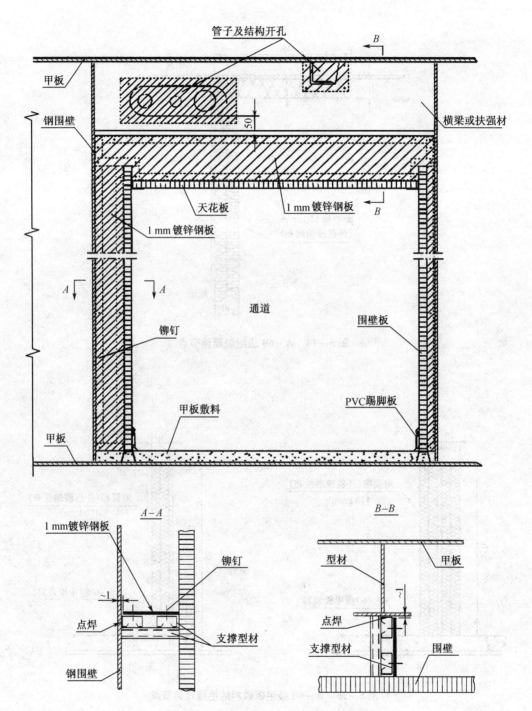

图 5 – 16　通道围壁和风道处绝缘典型节点

4. 油舱壁绝缘。

油舱壁绝缘典型节点见图 5 – 17。

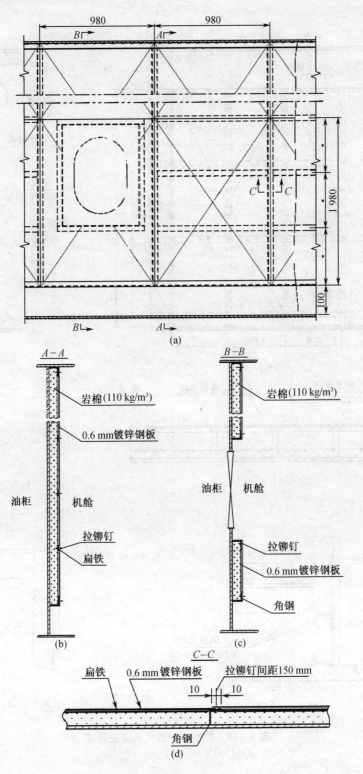

图 5 – 17　油舱壁绝缘典型节点

5.绝缘层镀锌钢板的安装。

（1）围壁镀锌钢板典型安装节点见图5-18。

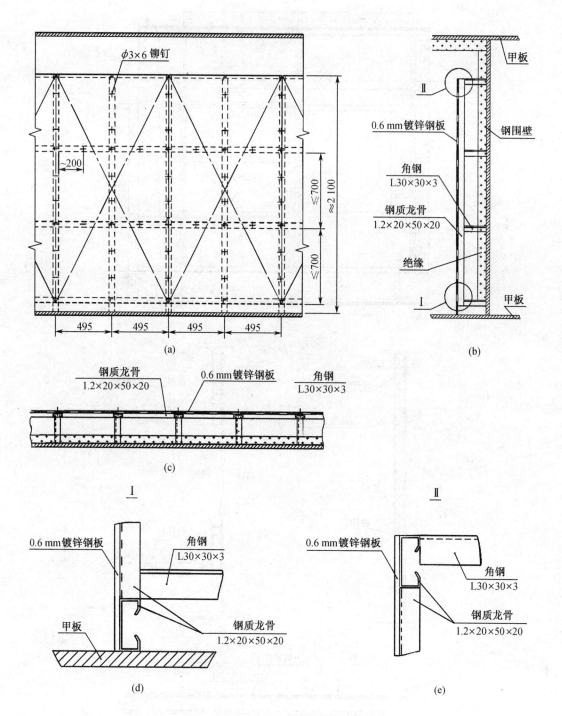

图5-18 围壁镀锌钢板典型安装节

（2）附件处镀锌钢板安装节点见图 5 - 19。

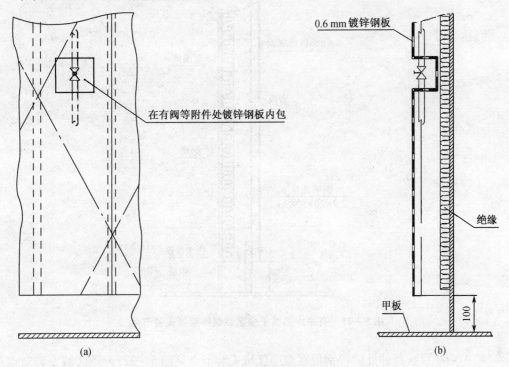

图 5 - 19　附件处镀锌钢板安装节点

（3）有拦水扁铁时,舱室围壁镀锌钢板安装节点见图 5 - 20,在干燥区域安装节点见图 5 - 21。

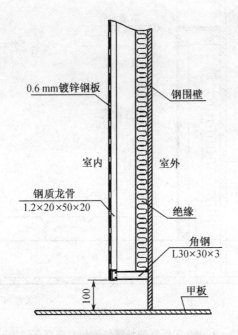

图 5 - 20　舱室围壁镀锌钢板安装节点

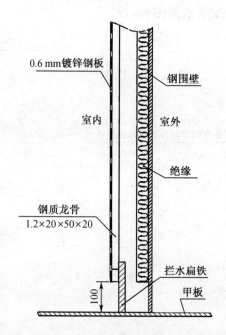

图 5 – 21　有拦水扁铁干燥区域镀锌钢板安装节点

（4）A－60甲板延伸处镀锌钢板在潮湿区域安装节点见图5－22，干燥区域安装节点见图5－23。

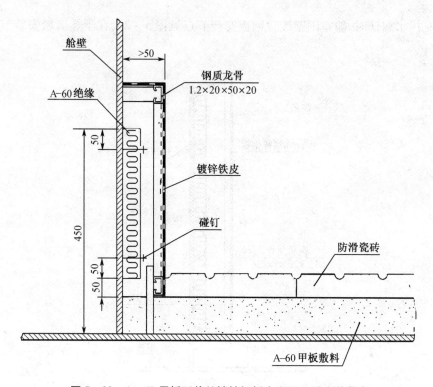

图 5 – 22　A－60甲板延伸处镀锌钢板在潮湿区域安装节点

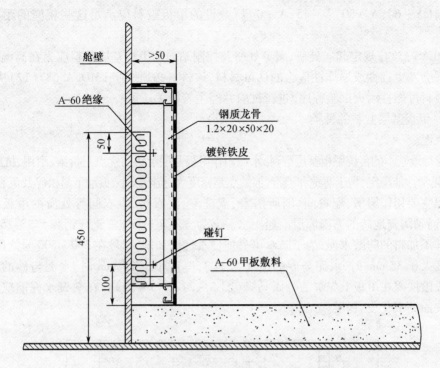

图 5 – 23　A – 60 甲板延伸处镀锌钢板在干燥区域安装节点

任务三　平台舱室甲板敷料施工工艺和规范

(一)有关规则对甲板敷料的要求

甲板敷料和甲板基层敷料迄今尚无严格的区分方法。一般来说,甲板敷料是一种总称,而甲板基层敷料则是一种特定的称谓。前者泛指在钢甲板上敷设的涂敷层材料,它起着保护甲板、防止甲板腐蚀以及改善甲板的使用条件等作用。在衡量甲板敷料遇到从钢甲板下来的火源的情况下的耐火性能时,安全公约提出了甲板基层敷料的概念。现行的《SOLAS 公约》对甲板敷料的要求如下:

1.与甲板有足够的黏结强度,不腐蚀钢板,并起到保护作用。

2.具有防水渗透性能,长期泡水不松散。

3.干燥线收缩率小,抗折强度和抗压强度高,不会产生收缩缝和龟裂缝。

4.敷料面层有一定的硬弹性。

5.具有一定的隔热、隔声性能。

6.施工方便,工艺易于掌握。

7.原材料资源丰富,价格低廉。

除此之外,对于不同种类的船舶和不同的施工部位,还有各自的特殊要求,如露天甲板敷料则要求具有耐气候老化和防滑性能;冷藏室则要求底层有保护冷性能良好的材料,上层有防寒、防冷等性能;油舱上部或周围的敷料则要求有较高的防油性能,吸油率要小等。

水平防火分隔的甲板应满足 A 级耐火完整性。根据甲板上下处所的性质规定的甲板防火级别（A－60，A－30，A－15，A－0）所敷设的甲板敷料应满足这些相应的耐火分隔要求。

《SOLAS 公约》规定起居处所、服务处所及控制站内的甲板基层敷料应为在高温时不易着火且不会发生毒性或爆炸性危险的认可材料,该材料必须按照 LMO. A. 687(17)决议《甲板基层敷料可燃性耐火试验程序》进行试验并经主管机关认可。

（二）甲板基层敷料的种类

1. 水泥。

水泥是最基本的传统甲板基层敷料,水泥用作甲板基层敷料的优点是价廉、耐用、抗磨性强、耐水湿、化学性能稳定、易于清洗和消毒,但缺点是密度大、抗阻较小、振动下易松碎及龟裂。

水泥主要用作厨房、配餐间、厕所浴室、盥洗室、洗衣房、烘衣间等处所的甲板基层敷料,作为铺砌陶瓷地砖的黏固底层。船用水泥多为含不超过5%三铝酸钙和5%～15%活性二氧化硅添加料的防酸水泥,为了防水可另加憎水性添加剂,标号在300～500号之间,水泥敷层厚度大于35 mm时,水泥与砂的配比为1:3,厚度小于35 mm时,水泥与砂的配比为1:2。一般敷层要在甲板上先焊装金属马脚（图5－24、图5－25）。在敷设水泥前应仔细清除甲板表面的氧化皮、锈层。

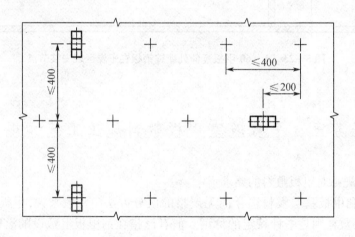

图5－24　马脚的布置

近年出现的一种彩色水泥处理剂是一种高科技产品,能在原本普通的水泥表层上创造出风格迥异、自然逼真的大理石、花岗岩、陶瓷地砖等效果,具有古朴、自然的效果,又克服了天然材料价格昂贵、施工麻烦、拼接缝处容易渗水损坏、不宜受重压的不

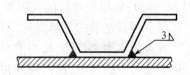

图5－25　金属马脚安装焊接图

足。这种新材料的特点是能使普通水泥地坪快速实现多彩多姿的效果,而强度是其他材料无法相比的,且价格又相当适宜。

2. 乳胶类甲板基层敷料。

由于普通水泥敷层有种种缺点,所以在水泥中加入各种添加物,以改善水泥的技术性能。乳胶类甲板敷料就是在水泥砂浆（水泥＋骨料＋水）中加入一定比例的乳胶制成,故俗称乳胶水泥。骨料可以采用普通石英砂,也可用珍珠岩或浮石之类。乳胶一般指高聚物分散在水介质中形成的乳液。乳胶类甲板敷料中乳胶的含量高,则弹性、抗折、抗冲压、耐水性能提高,但耐磨性降低,收缩变形增加。通常乳胶含量控制在10% ~20% 。

乳胶在加工过程中分子没有受到机械损坏,因此保持高聚物原有优良性能。乳胶类甲板敷料由于掺入了乳胶,改善了水泥的原有性能,其耐压、抗折、耐磨、抗冲击性能极大地提高,特别是增强了敷料与甲板的黏接力,省去了原有水泥敷料所需要的金属马脚,可直接涂敷薄层(6~20 mm),不仅简化了施工工序,而且减轻了质量,这对于改善船舶总体性能具有很大的意义。此外,耐水、耐候性能也有所改善。乳胶类甲板敷料中掺入阻燃剂,则成为"不易着火的甲板基层敷料。"乳胶类甲板敷料中加入适当的稳定剂,便于控制凝固时间。

表5 – 5为常用乳胶甲板敷料的主要性能。

表5 – 5　常用乳胶类甲板敷料主要性能

型号	HP – 1	HH – 2	HQ – 1	SD – 1	TQ – 1
乳胶类型	天然乳胶			氯丁乳胶	
密度/(kg·m³)	≤2 000	≤2 000	≤1 300	≤2 100	≤1 300
抗折强度/MPa	≥3	≥3	≥3	≥4. 5	≥3
抗压强度/MPa	≥10	≥10	≥10	≥10	≥8
吸水率/%	≤10	≤10	≤13	≤10	≤15
吸油率/%		≤6. 5	≤13	≤6	≤10
热导数/($W·m^{-1}·K^{-1}$)		≤1. 3	≤1. 3	≤1. 2	≤1. 2
初凝时间/h	≥1	≥1	≥1	≥1	≥1
终凝时间/h	≤12	≤12	≤12	≤24	≤24
敷设厚度/mm	5 ~10	8 ~12	8 ~12	10 ~12	10 ~12
耐火类别	—	不易着火甲板基层敷料			

乳胶类甲板敷料除了可作为甲板基层敷料外,还可直接在钢甲板上用作薄层涂敷。

乳胶类甲板敷料主要用于舱室内甲板,但不适宜用于蓄电池舱,因为乳胶类甲板敷料耐酸性较差。

3. 耐火甲板基层敷料。

耐火甲板基层敷料应具有良好的耐火和抗震性能,且能有效地隔热、隔声。按耐火性能可分为A – 60级、A – 30级、A – 15级。按结构形式可分为混合型、芯材复合型及浮动板等。

4. 聚氨酯类甲板基层敷料。

聚酯类甲板基层敷料有聚氨酯类和环氧类。

(1)聚氨酯类甲板基层敷料

聚氨酯类甲板基层敷料是以氨基甲酸(乙)酯(尿烷)为基料,加入填充料,混合后涂敷在甲板上,通常用作露天甲板敷料,也可以在聚氨酯基料中加入颜色糊膏、橡胶末等填充料,混合后用作室内敷料,富有弹性,防滑性佳。

聚氨酯类甲板基层敷料耐水、耐磨、耐油、与甲板黏结力强、不易开裂,所以容易震动的甲板采用纯氨基甲酸(乙)酯树脂涂层后效果很好,使用温度: -40 ℃ ~ +70 ℃。

（2）环氧树脂类甲板基层敷料

环氧树脂类甲板基层敷料是以环氧树脂为主料,掺入膨胀珍珠岩、石英砂等填充料及固化剂混合后敷设,固化成型后质地坚硬。环氧树脂是高分子化合物,机械性能、耐酸碱腐蚀性能及电绝缘性能相当好,特别是与甲板的黏结力极强,不易脱落,其耐磨、耐火、防滑、防冻等性能优异,是露天甲板及滚装船、渡船的车辆甲板的敷料。

聚氨酯类甲板基层敷料敷设时,以环氧或氨基树脂打底,然后敷设敷料,最后一道表面层可涂刷树脂涂料。

5.流平甲板敷料。

流平甲板敷料是各类甲板基层敷料表面的工艺性平整材料。由于甲板基层敷料在施工时难以达到十分平整的程度,因此在粘接甲板铺材前,若在甲板基层敷料上面涂敷流平甲板敷料予以平整,可大大提高舱室地板的平整度。

国产的 HJL-1 型流平甲板敷料由液料(丁苯乳胶、流平剂)及干固料(石英粉等)双组分按比例混合搅匀而成。其混合后的密度约 1 800 kg/m^3,敷设厚度不大于 3 mm,用量约 4.8 kg/m^2。施工环境温度为 0 ℃~35 ℃,初凝时间超过 1 h,终凝时间不大于 8 h。

（三）甲板基层敷料敷设工艺

1.范围。

本标准规定了船舶内舾装工程的甲板敷料的施工程序、施工工艺的检查与验收。

本标准适用于船舶产品。海洋工程产品可参照执行。

2.甲板敷料。

（1）符号和代码

①甲板敷料的基本符号有三种,每种符号的上格中填写敷料名称代码,下格中填写敷料的总厚度或高度,基本符号的含义如下:

（a）符号 ⊟ 表示敷设一定厚度的基层敷料加表层敷料,敷料表面平行于甲板。

（b）符号 ⊟ 表示在倾斜甲板上用基层敷料找平,上设表层敷料。

（c）符号 ⊖ 表示围壁上敷设踢脚线。

②甲板敷料有基层敷料和表层敷料:基层敷料有普通甲板敷料(如 5D-1 型不易着火基层)、复合耐火甲板敷料、浮动耐火甲板敷料、轻质甲板敷料等,表层敷料有 PVC 地板、防滑橡胶地板、地毯(化纤、毛质)等。敷料代码见表5-6。

③甲板敷料可由几种材料组合而成,敷料组合代码中的第 1 个字母代表基层敷料,第 2 个字母代表表层敷料,敷料层总厚度为 $h+h_1/h_2/h_3$,例如:NP 即为普通甲板敷料(N)加 PVC 地板(P)组成,其总厚度为 $h+h_1$。

（2）甲板敷料符号应用

甲板敷料符号应用见表5-7。

表5-6 敷料代码

分类	代码	名称	说明
基层敷料	O	无敷料	涂甲板油漆
	N	普通甲板敷料	
	A	A-60级防火敷料	厚度 h
	C	水泥砂浆	
表层敷料	F	踢脚线	高度 H
	P	PVC地板	厚度 h_1
	R	防滑橡胶	厚度 h_2
	C	地毯	厚度 h_3
	T	防滑瓷砖	厚度 h_4

注:1.高度、厚度的单位均为毫米。

2.每种敷料如有多种形式时,可在字母后加序号区分,如 T_1、T_2 或 F_1、F_2。

表5-7 甲板敷料符号应用

符号	符号实例	含义	典型结构图例
1	O / O	甲板面涂油漆	
2	NP / 12	$h=10$ mm普通甲板敷料(甲板敷料和流平敷料),上铺 $h_1=2$ mm PVC地板,总厚度为12 mm	
	NR / 14	$h=10$ mm普通甲板敷料(甲板敷料和流平敷料),表层铺 $h_2=4$ mm防滑橡胶,总厚度为14 mm	
	NC / 16	$h=10$ mm普通甲板敷料(甲板敷料和流平敷料),上铺 $h_3=6$ mm地毯,总厚度为16 mm	

表 **5 – 7**(续)

符号	符号实例	含义	典型结构图例
3	NP / 12	基层辅料找平,最薄处 $h=10$ mm,表层铺 $h_1=2$ mm PVC 地板,总厚度为 12 mm	
	NR / 14	基层辅料找平,最薄处 $h=10$ mm,表层铺 $h_2=4$ mm 防滑橡胶,总厚度为 14 mm	
	NC / 16	基层辅料找平,最薄处 $h=10$ mm,表层铺 $h_3=6$ mm 地毯,总厚度为 16 mm	
4	A0 / 40	$h=40$ mm A – 60 级防火敷料	
5	AP / 42	$h=40$ mm A – 60 级防火敷料,表层铺设 $h_1=2$ mm PVC 地板,总厚度 42 mm	
	AR / 44	$h=40$ mm A – 60 级防火敷料,表层铺 $h_2=4$ mm 防滑橡胶,总厚度 44 mm	
	AC / 46	$h=40$ mm A – 60 级防火敷料,表层铺设 $h_3=6$ mm 地毯,总厚度 46 mm	

表 5-7(续)

符号	符号实例	含义	典型结构图例
6	AP / 42	$h=40$ mm A-60 级防火敷料上部找平,表层铺设 $h_1=2$ mm PVC 地板,总厚度 42 mm	
	AR / 44	$h=40$ mm A-60 级防火敷料上部找平,表层铺 $h_2=4$ mm 防滑橡胶,总厚度 44 mm	
	AC / 46	$h=40$ mm A-60 级防火敷料上部找平,表层铺设 $h_3=6$ mm 地毯,总厚度 46 mm	
7	AR / 52	$h=50$ mm A-60 级浮动甲板敷料,表层铺设 $h_1=2$ mm PVC 地板,总厚度 52 mm	
	AR / 54	$h=50$ mm A-60 级浮动甲板敷料,表层铺 $h_2=4$ mm 防滑橡胶,总厚度 54 mm	
	AC / 56	$h=50$ mm A-60 级浮动甲板敷料,表层铺设 $h_3=6$ mm 地毯,总厚度 56 mm	

表 5 –7(续)

符号	符号实例	含义	典型结构图例
8	CT1 / 50 　 CF1 / 150	甲板上铺设 $h=40$ mm 水泥砂浆,$h_4=10$ mm T_1 型防滑瓷砖,钢壁上铺设高度 $H=150$ mm F_1 型踢脚线	

图例标注(第一图):围壁、钢围壁、扶强材、踢脚线、h_4 地砖、水泥、150、拦水扁铁、马脚、钢甲板

图例标注(第二图):防潮型独立围壁、踢脚线、h_4 地砖、水泥、150、钢甲板、拦水扁铁、马脚

图例标注(第三图):舱壁、扶强材、30、踢脚线、h_4 地砖、水泥、马脚、150、钢甲板

图例标注(第四图):舱壁、硅胶、踢脚线、h_4 地砖、水泥、马脚、150、钢甲板

表 5 – 7（续）

符号	符号实例	含义	典型结构图例
9	CT2/50 CF2/150	甲板上铺设 $h = 40$ mm 水泥砂浆及 $h_4 = 10$ mm T_2 型防滑瓷砖，钢壁上铺设高度 $H = 150$ mm F_2 型踢脚线	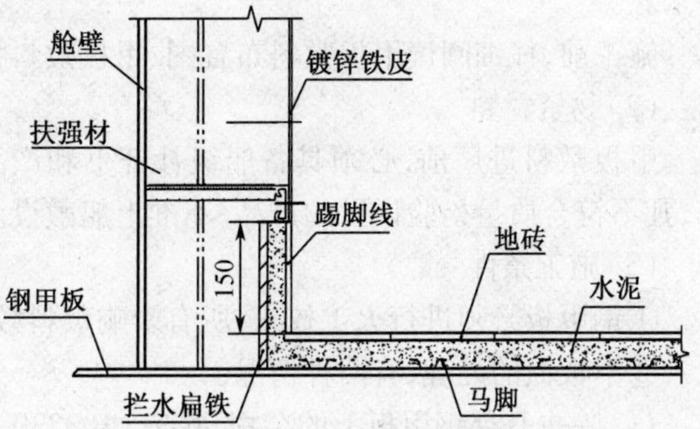
10	AT1/50 ACF1/150	甲板上铺设 $h = 40$ mm A – 60 级敷料，$h_4 = 10$ mm T_1 型防滑瓷砖，A – 60 级防火绝缘上铺设高度 $H = 150$ mm CF_1 型踢脚线	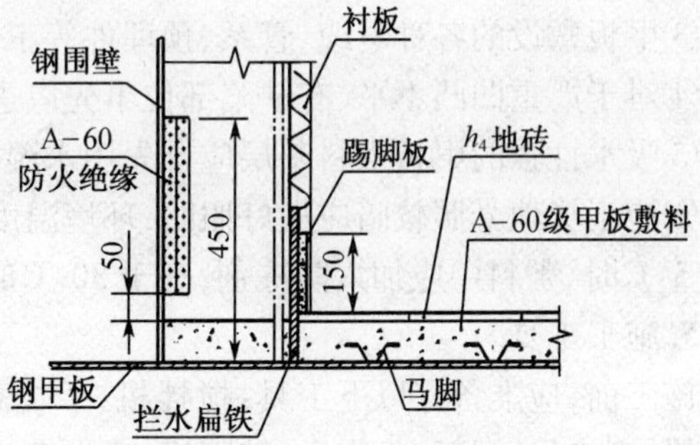
11	AT/50 ACF/450	甲板上铺设 $h = 40$ mm A – 60 级敷料，$h_4 = 10$ mm 防滑瓷砖，舱壁上铺设 A – 60 敷料，高度 $H = 450$ mm，厚度 $\geqslant 40$ mm，表层镶 CF 型踢脚线	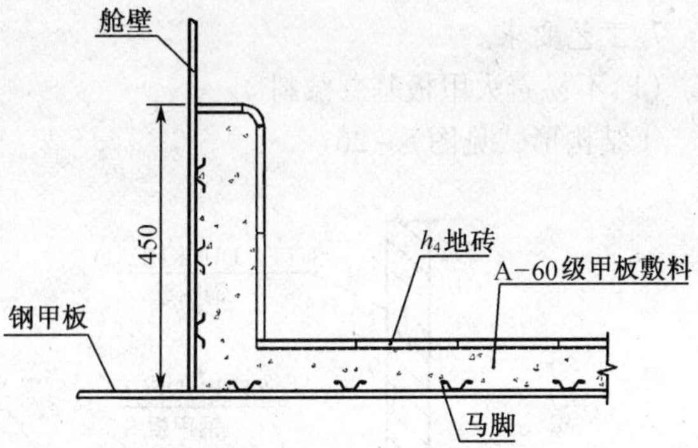

3. 施工环境。

（1）环境温度为 5 ℃ ~ 30 ℃

（2）照明、通风良好

4.施工前准备。

(1)技术资料

所有的材料必须满足技术规格书的要求,使用的形式必须征得船东同意、符合船检的要求。

施工前,仔细阅读甲板敷料布置图、甲板敷料托盘表,必要时,要进行技术交底。

(2)物资材料

甲板敷料进厂前,必须具备船级社证书和产品形式证书,对所备材料应核对质量合格书,凡不符合质量检验认可的产品,不准上船敷设。

(3)施工条件

①钢甲板必须进行火工校正,所有影响敷料敷设的安装和焊接工作均应结束。

②甲板面的处理,有两种情况:

(a)除去基层钢甲板上的杂物,并按 CB 3230—85《船体二次除锈评定等级》中 P2 级除锈标准除锈。

(b)根据甲板敷料的材料性能,在铺设甲板敷料前,甲板表面喷涂一层环氧油漆,施工前,清洁干净油漆表面的杂物等。

③甲板敷设的各种电缆、管系、预埋件等工作均须结束。

④对于严重凹凸不平、有缺陷部位事先应进行嵌补和打磨。

⑤吸水性强的甲板敷料基层应首先用水湿润。

⑥施工场地光照较暗应做好照明,环境温度应在 5 ℃ ~30 ℃,以防止结冻或过快凝固,低于 5 ℃时,敷料中应加入防冻剂,高于 30 ℃时,应在清晨或晚上施工。

5.施工工具。

施工前,应准备好以下工具:搅拌机、手提式搅拌机、料桶、煤铲、供水橡塑管、大力钳、钢丝钳、钢皮尺、泥板、木直尺、踏脚板、喷水壶、木工板锯、木榔头等。

6.人员。

施工人员上岗前,应经过公司三级安全教育,考核通过并经体检合格后方能上岗操作。

7.工艺要求。

(1)不易着火甲板基层敷料

①结构形式见图 5 – 26。

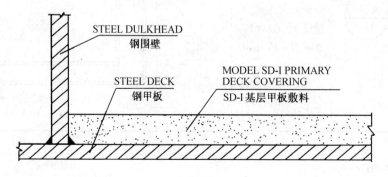

图 5 – 26 SD – Ⅰ型不易着火甲板敷料结构形式

②技术指标见表 5 - 8。

表 5 - 8 不易着火甲板基层敷料技术指标

序号	项目	指标
1	密度	≤2 100 kg/m³
2	抗折强度	≥4.5 MPa
3	抗压强度	≥10 MPa
4	初凝时间	≥1 h
5	终凝时间	≤24 h
6	不易着火性	符合 IMO. A687(17)决议
7	单位面积单位厚度质量	≤1.96 kg/mm/m²

③耐火等级。

不易着火性:符合 IMO. A687/A653 和 1974SOLAS 及其修正案规定。

④材料配比见表 5 - 9。

表 5 - 9 不易着火甲板基层敷料材料配比

材料名称	质量比
乳胶液(A 组分)	1
促凝粉剂(B 组分)	3
充填骨料(C 组分)	6
水	0.6

(2)复合耐火甲板敷料

①结构形式见图 5 - 27。

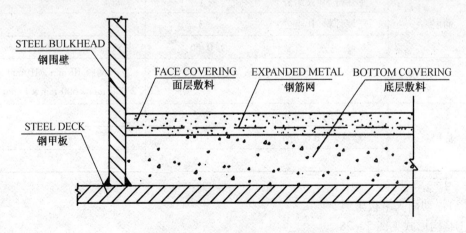

图 5 - 27 复合耐火甲板敷料结构形式

②技术指标见表 5 - 10。

表 5 - 10　复合耐火甲板敷料技术指标

分类	序号	名称	指标
面层敷料 （改性水泥砂浆）	1	密度	≤2 100 kg/m³
	2	抗折强度	≥5 MPa
	3	抗压强度	≥15 MPa
	4	初凝时间	≥1 h
	5	终凝时间	≤24 h
	6	不燃性	符合 IMO. A472(12)决议规定
底层敷料 （珍珠岩混凝土）	1	密度	≤800 kg/m³
	2	抗折强度	≥1.4 MPa
	3	抗压强度	≥5.5 MPa
	4	初凝时间	≥1 h
	5	终凝时间	≤24 h
	6	不燃性	符合 IMO. A472(12)决议规定
整体	1	耐火性	符合 IMO. A754(18)决议规定
	2	单位面积质量	≤57 kg/m²

③耐火等级。

A - 60 级:符合 IMO. A754 和 1974SOLAS 及其修正案规定。

④材料配比见表 5 - 11。

表 5 - 11　复合耐火甲板敷料材料配比

材料名称		质量比	规格
面层	促凝粉剂(A 组分)	1	
	充填骨料(B 组分)	3	
	水	0.66	
钢丝网			网眼 10 mm×10 mm 2 000 mm×600 mm×1 mm 1 张
底层	促凝粉剂(A 组分)	2.5	
	珍珠岩(B 组分)	1	
	水	5.5	

（3）浮动耐火甲板敷料

①结构形式见图 5 - 28。

②技术指标见表 5 - 12。

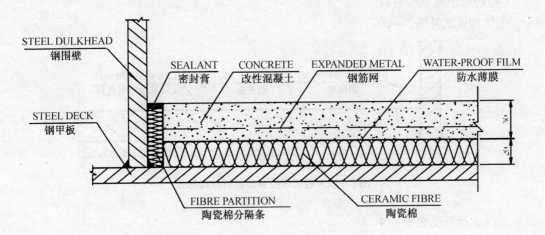

图 5 – 28　浮动耐火甲板敷料结构形式

表 5 – 12　浮动耐火甲板敷料技术指标

分类	序号	名称	指标
面层敷料 （改性混凝土）	1	密度	≤2 300 kg/m³
	2	抗折强度	≥5 MPa
	3	抗压强度	≥20 MPa
	4	初凝时间	≥1 h
	5	终凝时间	≤12 h
	6	不燃性	符合 IMO. A472(12)决议规定
底层材料 （陶瓷棉板）	1	容重	≤170 ± 10 kg/m³
	2	不燃性	符合 IMO. A472(12)决议规定
整体	1	耐火性	符合 IMO. A754(18)决议规定
	2	单位面积质量	≤73 kg/m²

③耐火等级。

A – 60 级：符合 IMO. A754 和 1974SOLAS 及其修正案规定。

④材料配比见表 5 – 13。

表 5 – 13　浮动耐火甲板敷料材料配比

材料名称	质量比	规格
面层促凝粉剂（A 组分）	1	
面层充填骨料（B 组分）	3	
水	0.48	
防水薄膜（PE）		门幅 2 000 mm
钢丝网		φ3 网眼 50 mm × 50 mm
		2 000 mm × 1 100 mm
陶瓷棉		1 000 mm × 500 mm × 20 mm

(4)轻质甲板基层敷料

①结构形式见图5-29。

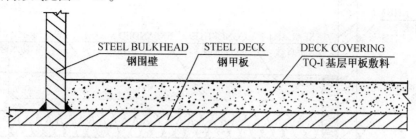

图5-29 轻质甲板基层敷料结构形式

②技术指标见表5-14。

表5-14 轻质甲板基层敷料技术指标

序号	项目	指标
1	密度	≤1 300 kg/m³
2	抗折强度	≥3 MPa
3	抗压强度	≥8 MPa
4	初凝时间	≥1 h
5	终凝时间	≤24 h
6	单位面积单位厚度质量	≤1.25 kg/mm/m²

③耐火等级。

不易着火性:符合 IMO. A687/A653 和 1974SOLAS 及其修正案规定。

④认可船级社。

中国(CCS)、美国(ABS)、德国(GL)、英国(LR)、挪威(DNV)。

⑤材料配比见表5-15。

表5-15 轻质甲板基层敷料材料配比

材料名称	质量比
乳胶液(A组分)	1
促凝粉剂(B组分)	2.7
充填骨料(C组分)	4.43

(5)轻质浮动耐火甲板敷料

①结构形式见图5-30。

②技术指标见表5-16。

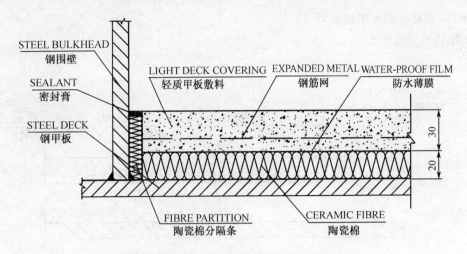

图 5-30　轻质浮动耐火甲板敷料结构形式

表 5-16　轻质浮动耐火甲板敷料技术指标

分类	序号	名称	指标
面层敷料 （轻质敷料）	1	密度	≤1 500 kg/m³
	2	抗折强度	≥5 MPa
	3	抗压强度	≥10 MPa
	4	初凝时间	≥1 h
	5	终凝时间	≤24 h
	6	不燃性	符合 IMO. A472(12)决议规定
底层敷料 （陶瓷棉板）	1	容重	≤170 ± 10 kg/m³
	2	不燃性	符合 IMO. A472(12)决议规定
整体	1	耐火性	符合 IMO. A754(18)决议规定
	2	单位面积质量	≤49. 5 kg/m²

③耐火等级。

A - 60 级:符合 IMO. A754 和 1974SOLAS 及其修正案规定。

④材料配比见表 5 - 17。

表 5 - 17　轻质浮动耐火甲板敷料材料配比

材料名称	质量比	规格
面层促凝粉剂(A 组分)	1	
面层充填骨料(B 组分)	1. 35	
水	0. 45	
防水薄膜		门幅 2 000 幅
钢筋网		ϕ2. 5 网眼 50 mm × 50 mm 2 000 mm × 1 100 mm
陶瓷棉板		1 000 mm × 500 mm × 20 mm

(6)轻质复合耐火甲板敷料

①结构形式见图5-31。

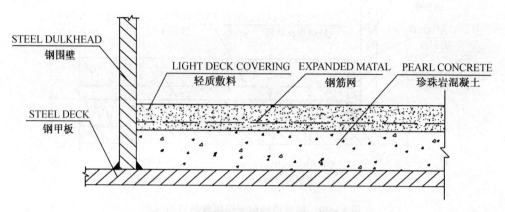

图5-31 轻质复合耐火甲板敷料结构形式

②技术指标见表5-18。

表5-18 轻质复合耐火甲板敷料技术指标

分类	序号	名称	指标
面层敷料 (轻质敷料)	1	密度	≤1 500 kg/m³
	2	抗折强度	≥5 MPa
	3	抗压强度	≥10 MPa
	4	初凝时间	≥1 h
	5	终凝时间	≤24 h
	6	不燃性	符合 IMO. A472(12)决议规定
底层敷料 (珍珠岩混凝土)	1	密度	≤800 kg/m²
	2	抗折强度	≥1.4 MPa
	3	抗压强度	≥5.5 MPa
	4	初凝时间	≥1 h
	5	终凝时间	≤24 h
	6	不燃性	符合 IMO. A472(12)决议决定
整体	1	耐火性	符合 IMO. A754(18)决议规定
	2	单位面积质量	≤52 kg/m²

③耐火等级。

A-60级:符合 IMO. A754 和 1974SOLAS 及其修正案规定。

④材料配比见表5-19。

表 5 – 19 轻质复合耐火甲板敷料材料配比

材料名称		质量比	规格
面层	促凝粉剂（A组分）	1	
	充填骨料（B组分）	1.35	
	水	0.45	
钢丝网			φ2.5 网眼 40 mm × 40 mm 1 800 mm × 600 mm
底层	促凝粉剂（A组分）	2.5	
	珍珠岩（B组分）	1	
	水	5.5	

（7）A60 级轻质耐火甲板敷料工艺要求

①结构形式见图 5 – 32。

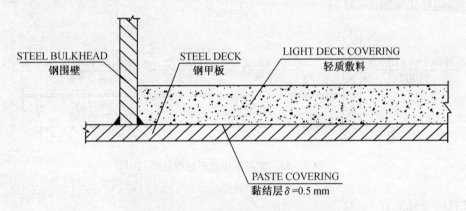

图 5 – 32 A60 轻质耐火甲板敷料结构形式

②技术指标见表 5 – 20。

表 5 – 20 A60 级轻质耐火甲板敷料技术指标

序号	项目	指标
1	密度	≤1 000 kg/m³
2	抗折强度	≥3 MPa
3	抗压强度	≥8 MPa
4	初凝时间	≥1 h
5	终凝时间	≤24 h
6	冲击试验	500 g 钢球从 1 米高处自由落下不开裂
7	导热系数	≤0.8 W/m·k
8	吸水率	≤15%
9	吸油率	≤10%
10	不燃性	符合 IMO.A.799(19)不燃材料的规定
11	耐火性	A – 60 级

③耐火等级。

A - 60 级:符合 IMO. A754 和 1974SOLAS 及其修正案规定。

④材料配比见表 5 - 21。

表 5 - 21　A60 级轻质耐火甲板敷料材料配比

	材料名称	质量比
轻质耐火敷料	促进液(A 组分)	5
	预料粉剂(B 组分)	19.5
	轻质骨料(C 组分)	12
	水	10 ~ 12
黏结层	无机黏结剂	0.7

(8)流平甲板敷料工艺要求

①结构形式见图 5 - 33。

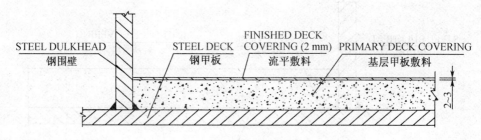

图 5 - 33　流平甲板敷料结构形式

②技术指标见表 5 - 22。

表 5 - 22　流平甲板敷料技术指标

序号	项目	指标
1	密度	$\leqslant 1\,800\ kg/m^3$
2	初凝时间	$\geqslant 45\ min$
3	终凝时间	$\leqslant 6\ h$
4	抗折强度	$\geqslant 5.5\ MPa$
5	抗压强度	$\geqslant 10\ MPa$
6	剪切强度	$\geqslant 0.5\ MPa$
7	流动度	$25\ cm \leqslant L \leqslant 30\ cm$
8	单位面积单位厚度质量	$1.75\ kg/mm/m^2$

③耐火等级。

不易着火性:符合 IMO. A687/A653 和 1974SOLAS 及其修正案规定。

④材料配比见表 5 - 23。

表 5 – 23 流平甲板敷料材料配比

材料名称	质量比
乳胶液（A 组分）	1
促凝粉剂（B 组分）	3

8.工艺过程。

（1）不易着火甲板基层敷料工艺过程

①搅拌方法

首先将 B 组分与 C 组分加入搅拌机内,同时加入适量的清水或乳胶进行搅拌,待混合均匀再加入规定比例的 A 组分进行搅拌,使之成为均匀稠泥状物即可施工。

②施工程序

将已搅拌好的敷料敷设在基层钢板上,用泥板将敷料在钢板上来回搓动,使钢板充分接触敷料促凝剂,然后用木质直尺将敷料刮平到规定厚度,经过 30 min 左右,再用泥板压实,泥平,如表面稍干,可洒少量乳胶液再行泥平。

③注意事项

（a）敷料中的乳胶液为高分子材料,故搅拌时不宜用高速搅拌机（器）搅拌,搅拌速度建议为 34 r/m,搅拌时间为 3 ~ 5 min。

（b）整个敷设及养护期间,环境温度宜在 5 ℃ ~ 30 ℃,高于或低于环境温度应采取降温或保暖措施。

（c）施工后敷料必须养护 1 ~ 2 天,待固化后方可进入。如确需进入的,需搭设跳板,并挂有明显的警示标志。

（d）甲板敷料系水硬性凝结材料,材料配比中水的添加量在常温下,随着气温变化,可视砂浆流动情况做适当增减。

（2）复合耐火甲板敷料工艺过程

①搅拌方法

面层:首先将 A,B 两组分倒入搅拌机中进行混合搅拌,然后再添加规定的清水或乳胶,搅拌成均匀的稠状物。

底层:首先将 B 组分倒入搅拌机中,然后加入规定量的清水或乳胶,待 B 组分搅拌成均匀的稠状后,再加入 A 组分和规定量的清水或乳胶进行混合搅拌,使之成为均匀的"捏成团"状态。

②施工程序

将已搅拌好的珍珠混凝土倒在基层钢板上,用木质直尺刮开、拍平,敷设厚度达到规定的 35 mm,然后用泥板压平。该层珍珠岩混凝土完工后,在常温下养护 48 小时以上,然后铺设钢筋网,钢筋网搭接宽度不少于 100 mm,而且搭接层数最多不超过 3 层,搭接处用镀锌铁丝扎紧,钢筋网固定好后,即可敷设水泥砂浆,敷设厚度达到规定的 15 mm。

③注意事项

（a）施工作业中,各类搅拌好的敷料必须在 40 min 内敷设完毕。

（b）整个敷设及养护期间,环境温度应保持在 5 ℃ ~ 30 ℃范围内,高于或低于此环境温度应采取降温或保暖措施。

（c）施工后敷料必须养护1~2天，待固化后方可进入。如确需进入的，需搭设跳板，并挂有明显的警示标志。

（d）甲板敷料系水硬性凝结材料，材料配比中水的添加量在常温条件下，随着气温的变化，可视砂浆流动情况做适当增减。

（3）浮动耐火甲板敷料

①搅拌方法

首先将A，B两组分倒入搅拌机中，进行混合搅拌后添加规定的清水或乳胶，搅拌成均匀的稠状物。

②施工程序

（a）沿周壁铺设陶瓷棉分隔条。

（b）紧接着铺设陶瓷棉板，拼缝紧密。

③注意事项

（a）施工作业中，各类搅拌好的敷料必须在40 min内敷设完毕。

（b）整个敷设及养护期间，环境温度应保持在5 ℃~30 ℃范围内，高于或低于此环境温度应采取降温或保暖措施。

（c）施工后敷料必须养护1~2天，待固化后方可进入。如确需进入的，需搭设跳板，并挂有明显的警示标志。

（d）甲板敷料系水硬性凝结材料，材料配比中水的添加量在常温条件下，随着气温的变化，可视砂浆流动情况做适当增减。

（4）轻质甲板基层敷料

①搅拌方法

首先将B组分与C组分加入搅拌机进行搅拌，待混合均匀后再加入A组分进行搅拌，使之成为均匀稠泥状物即可投入施工。

②施工程序

将已搅拌好的敷料敷设在基层钢板上，用泥板将敷料在钢板上来回搓动，使钢板充分接触敷料促凝剂，然后用木质直尺将敷料刮平到规定厚度，经30 min左右，再用泥板压实，泥平，如表面稍干，可洒少量乳胶液再行泥平。

③注意事项

（a）敷料中的乳胶液为高分子材料，故搅拌时不宜用搅拌机（器）搅拌，搅拌速度建议为34 r/m，搅拌时间为3~5 min。

（b）整个敷设及养护期间，环境温度应保持在5 ℃~30 ℃范围内，高于或低于此环境温度应采取降温或保暖措施。

（c）施工后敷料必须养护1~2天，待固化后方可进入。如确需进入的，需搭设跳板，并挂有明显的警示标志。

（5）轻质浮动耐火甲板敷料工艺过程

①搅拌方法

首先将A，B组分倒入搅拌机中，进行混合搅拌后再添加规定的清水或乳胶，搅拌成均匀的稠状物。

②施工程序

（a）沿周壁铺设陶瓷棉分隔条。

（b）紧接着铺设陶瓷棉板，拼缝紧密，镶嵌处用碎棉充填，不留空隙。

（c）在陶瓷棉板上铺设防水薄膜，薄膜搭接宽度应不小于 100 mm。

（d）在防水薄膜上再铺设钢筋网，搭接宽度应不小于 100 mm，搭接层数最多不超过 3 层，搭接处用镀锌铁丝扎紧固定。

（e）将搅拌好的改性混凝土倒在钢筋网上，用木质直尺刮开拍实，在刮开同时将钢筋网提起 5～10 mm，然后用泥板压平、泥光，敷设厚度达到 30 mm。

（f）待改性混凝土充分固化后，将沿周壁的陶瓷棉分隔条多余部分用割刀割除，并用密封胶密封。

③注意事项

（a）施工作业中，搅拌好的敷料必须在 40 min 内敷设完毕。

（b）整个敷设及养护期间，环境温度应保持在 5 ℃～30 ℃范围内，高于或低于此环境温度应采取降温或保暖措施。

（c）施工后敷料必须养护 1～2 天，待固化后方可进入。如确需进入的，需搭设跳板，并挂有明显的警示标志。

（d）甲板敷料系水硬性凝结材料，材料配比中水或乳胶的添加量在常温条件下，随着气温变化，可视砂浆流动情况做适当增减。

（6）轻质复合耐火甲板敷料工艺过程

①搅拌方法

面层：按 A，B 两组分配比搅拌混合后，加入规定比例清水或乳胶，待搅拌成均匀浆体后即可使用。

底层：首先将 B 组分倒入搅拌机中，然后加入规定量的清水或乳胶，待 B 组分搅拌成均匀的稠状后，再加入 A 组分和规定量的清水或乳胶进行混合搅拌，使之成为均匀的"手捏成团"状态。

②施工程序

将已搅拌好的珍珠岩混凝土倒在基层钢板上，用木质直尺刮开、拍平，敷设厚度达到规定的 30 mm，然后用泥板泥平。该层珍珠岩混凝土施工完成后，在常温下养护 48 小时以上，然后铺设钢筋网，钢筋网搭接宽度不少于 100 mm，而且搭接层数最多不超过 3 层，搭接处用镀锌铁丝扎紧，钢筋网固定完后，即可将水泥砂浆敷设在钢筋网上，施工方法同前，敷设厚度达到规定的 20 mm。

③注意事项

（a）施工作业中，各类搅拌好的敷料必须在 40 min 内敷设完毕。

（b）整个敷设及养护期间，环境温度宜在 5 ℃～30 ℃范围内，高于或低于此环境温度应采取降温或保暖措施。

（c）施工后敷料必须养护 1～2 天，待固化后方可进入。如确需进入的，需搭设跳板，并挂有明显的警示标志。

（d）甲板敷料系水硬性凝结材料，材料配比中水的添加量在常温条件下，随着气温变化，可视砂浆流动情况做适当增减。

（7）A60 级轻质耐火甲板敷料工艺过程

①搅拌方法

（a）底层无机黏结剂：开启桶盖后，必须用搅拌器搅拌均匀。

（b）把轻质骨料和预制粉料倒入搅拌机，均匀后按比例加入清水进行搅拌，两种材料搅拌均匀成稠状后，再倒入促进液继续搅拌，此时，根据敷料的稠度添加适量清水，待敷料混合成稠状物，即可投入敷设。

②施工工艺

（a）将搅拌好的无机胶黏剂涂刷在清洁的钢甲板上，涂刷厚度控制在0.5 mm左右。

（b）将搅拌好的敷料倒在涂刷有黏结层的钢甲板上，用刮尺均匀地刮开、拍实、泥平，敷设厚度为40 mm。

（c）紧接着用泥板消除表面波纹及接痕，泥光、泥平，一般从里向外退出，直至整个舱室敷设结束。

③注意事项

（a）涂刷无机黏结剂后，必须在黏结剂干硬后方可敷设轻质耐火甲板敷料。

（b）搅拌好的敷料必须在30 min内敷设完毕。

（c）在敷料骨料中配有针状钢纤维，在施工中注意劳动防范措施，切不可赤手握捏搅拌好的敷料。

（d）敷设及养护期间，环境温度宜在5~30 ℃范围内，高于或低于此环境温度应采取降温或保暖措施。

（e）施工后敷料必须养护1~2天，待固化后方可进入施工场地。如确需进入的，需搭设跳板，并挂有明显的警示标志。

（8）流平甲板敷料工艺过程

①搅拌方法

将A,B两组分加入料桶中，用搅拌器搅拌成均匀浆体即可。

②施工程序

将搅拌好的流平敷料倒在敷料基层上，用泥板抹开，其厚度控制在2~3 mm，待自然流动后成平整、光顺的表面。

③注意事项

（a）流平敷料系快硬性材料，故搅拌及敷设过程宜控制在15 min内完成，建议现场现拌现敷。

（b）敷料敷设温度为0 ℃~30 ℃，夏季气温过高建议夜间施工。

（c）施工后敷料必须养护1天，待固化后方可进入。如确需进入的，需搭设跳板，并挂有明显的警示标志。

9. 检验。

（1）甲板敷料敷设前，首先应满足上述规范的要求。

（2）甲板敷料的陶瓷棉敷设，拼缝处施工效果应满足上述规范的要求。

（3）陶瓷棉上的防水薄膜拼缝处的施工效果应满足上述规范的要求。

（4）钢筋网敷设的重叠处要用镀锌铁丝扎紧，并满足上述规范的要求。

（5）底层敷料、面层敷料敷设干燥后，其表层应无龟裂。

（6）甲板流平层干燥后，其表面应平整，要求1米范围内±2 mm。

项目六　海洋钻井平台电气施工工艺

任务一　电缆敷设要求总则

1. 电缆应符合 ABS 标准。所有和井泥浆接触的电缆应为防泥浆型。

2. 不同电压的电缆应有不同颜色的外护套,例如:红色——中压电缆,蓝色或蓝色标示——本质安全电路,黑或灰色——其他所有电缆。

3. 所有电缆应按每张图纸所示在两端标记电缆参考序号。电缆中每个线芯都应有标记环。备用线芯要在图纸中清楚标注。带印制编码的标记须防火。

4. 电缆托架应镀锌。托架的表面、孔、边角需要磨平,打光,不许有毛刺和棱角。拐弯处不要有裂痕。应根据电缆的类型及安装时的震动程度适当选择电缆支撑物间的距离,但是拖板间距最大不能超过 400 mm。焊接到甲板和舱壁上的电缆托架,其支腿应加覆板。

5. 电缆/设备的焊接支撑件由金属制成,并有防腐蚀保护。表面接触电缆的电缆支撑,像电缆托架(吊架)、电缆筒、电缆管、穿舱件及电缆管道末端等应光滑,无锋利边缘破坏电缆护套。在含盐分的空气或雨水可进入的空间,安装与设备相连的电缆,所有电缆支架、卡子和固定螺丝应为防腐蚀型,例如镀锌。非金属电缆夹子、扎扣或扎带仅用于设备箱体内。

6. 电缆托架、电缆管和电缆筒子的尺寸需考虑电缆的数量、尺寸及散热。主电缆托架上至少留 20% 的备用空间以保证将来改动。通过电缆管(电缆筒子)的基于电缆外径的电缆总截面积,应不超过通过该电缆管(电缆筒子)截面积的 40%(单芯电缆穿管除外)。

7. 电缆托架要设计的尽可能平直,要尽量避免大而急的变化(包括垂直和水平方向)。

8. 所有的电缆应尽可能被安放在牢固的镀锌钢托架上,并用不锈钢扎带将其安装及固定在托架上。安装电缆应避免周围锋利边缘的磨损、碾压、扭曲和牵拉。电缆支架和连接附件应确保牢固。电缆应在电缆架上整洁有序地平行放置。两个或多个品字形电缆组敷设在同一托架上,他们应处于同一水平面,两组间留有至少一个电缆(最大电缆)直径的间距。避免光缆安装进入设备箱时强力扭曲。也可考虑使用带角度的电缆填料函。单根电缆和少数电缆(不超过 7 根)可敷设在扁钢条上,电缆的外径不超过 30mm。

9. 电缆应尽可能被放置于安全的地方。电缆敷设应仔细选择以降低受热和潮湿的负面效应,例如远离蒸汽管、排气管、舱底等。电缆不能放于高温、高湿的地方,比如备用锅炉和焚化炉之上。电缆走线应远离管路,例如电缆分支不能接触管路,如触及,须用橡胶或类似物将电缆分支和管道隔开。管路不应该平行安装于电缆托架上方,如不可避免,则必须保证电缆上方的管路不会因受损而泄露,否则必须用喷漆钢质盖板、镀锌钢管或普利卡套管保护电缆。

10. 电缆不能穿过防撞舱壁。电缆托架不能安装在钻探设备的外壳上。电缆尽可能不要穿过压载舱、燃油舱或其他油舱、水舱,如无法避免,电缆应通过完全密封的电缆管敷设。电缆管应确保电缆不会因震动受损。电缆管的支撑件间距不能超过 2 米。

11. 电缆托架安装应为电缆及电缆安装留有足够空间。从下层电缆托架的顶端到上层电缆托架的底部，或从电缆托架的顶部到上甲板保持适合的间距。管道和通风口的设置应为电缆的敷设留出足够的空间。当电缆托架焊接于横梁或上甲板时，电缆托架上部须留出拉放电缆所需的距离。如果可行，电缆不可在电缆托架以下敷设。

12. 可移动滚轮用来协助电缆安装并避免电缆牵引过程中的损害。电缆敷设不应妨碍任何可移动设备和封盖。电缆应远离提升齿轮。任何敷设时有机器损害可能的电缆都应做适当保护。

安装在镀锌托架上的电缆应易于接近。电缆的通道或保护盖板应做成可拆卸的，易于打开通道进行电缆维护。尽量避免在露天甲板上敷设电缆。所有可能受到机器损害的电缆都应用钢制盖板加以保护，钢板厚度不小于 4 mm，或通过钢管敷设。居住区电缆应敷设在墙壁舾装板后（电缆管内敷设除外），面板应用铰链或用螺丝固定，以便电缆维护时不损坏面板或舱壁。

13. 敷设在货物区、货舱口、敞开甲板等处的电缆，即使是铠装型电缆，也应由坚固金属屏障、结构型材、电缆管或其他等价方式进行保护，使其有足够强度对电缆进行有效保护。金属保护是确保电力的连续和到船体的接地。非金属保护是为了阻燃。安装的膨胀管或相似装置是为了方便维护。工作区域敷设的电缆，在可能受到机械损害的通道应用喷漆钢质盖板、镀锌钢管或普利卡套管进行保护。镀锌钢管和普利卡套管用于安装在花格板以下，最低点处应留排水孔以便排水（排水管口直径大约 6 ~ 10 mm）。

如需要，管道排水孔的数量可根据水平长度来决定，此配置保证管道内无积水。电缆管内部须光滑并且耐腐蚀。地板下的电缆须敷设在电缆托架或其他电缆支撑物上。

14. 电缆通过扎带和扎扣固定于横梁下端通过电缆托架或扁钢条敷设。不同外护套的电缆不能捆扎在一起，避免造成外护套损坏。

电缆扎带材料为不锈钢或其他有 PVC（聚氯乙烯）保护的材料，与 IEC Publication 60092 - 101 的防火等级一致。电缆扎扣和扎带表面应相对较宽并喷塑，以确保紧固电缆时不会损坏电缆外护套，并使用专门的可调力矩的扎线工具，以免破坏电缆的绝缘。

在水平电缆托架下方敷设的电缆，至少每隔 2 米的距离，要使用金属扎带和扎扣捆扎，以避免火灾中电缆脱落。然而这种要求不适用于连接在照明、警报传感器等小直径电缆上。

电缆扎带间的距离不能超过：水平走向 600 mm，垂直平面内垂直走向和水平走向 300 mm。

15. 连接设备的电缆应连续。任何情况下都不允许有节点。不允许电缆拼接。一旦电缆被切断，暴露于潮湿空气中，电缆末端应用保护帽或密封胶进行保护。接入设备的电缆在设备入口处固定，捆扎点和设备入口间的距离不超过 250 mm。

连接油/水舱、管路、扫海灯、导航灯等需要频繁拆卸的电缆应有一圈备用。备用电缆圈内半径应为电缆外径的 12 倍。

桅杆上的电缆应最好安装于桅杆内部，如果不能，则要保证电缆通过保护装置走线到至少一米高处。如果可实行，天线和变送器间的所有电缆的敷设应远离其他电缆。

16. 不同型号电缆的分隔，如图 6 - 1 所示。

（1）高压电缆（1 ~ 11 kV）应与低压电缆分开至少 300 mm，尤其不能敷设在同一电缆托架、电缆管或电缆盒内。

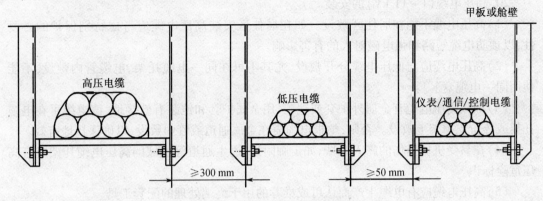

图 6-1　不同型号电缆的分隔图

(2)低压电缆(小于 1 kV)应与仪表/通信电缆保持至少 50 mm 距离。

(3)本质安全电路电缆应做特别标示,并与非本质安全电缆分隔开,不能被置于同一电缆托架或电缆管内。

(4)仪表和通信电缆的敷设应与动力电缆分开(间隔至少 50 mm,与本质安全型电缆间隔至少 100 mm)。信号电缆应为铠装型,以避免周围环境存在的任何电磁干扰。备用电缆不能在相同通路里敷设。

17. 在实际可行的情况下,对于应急和重要设备的电缆,除了防火和通用报警系统、消防系统(包括消防释放报警)、烟火探测系统、防火门及其指示系统的控制和电力系统、水密门的控制和动力系统及其指示系统、应急照明系统、广播扩音系统、用于防火和防爆的遥控紧急关断系统,均应被设置于 A 类机器区及其他易燃危险区域外,这些区域包括:燃油和其他易燃物质的处理设备的区域、烹饪器具的厨房和食品储藏室、带烘干设备的洗衣房、封闭或半封闭的危险区域,这些区域需要确保使用安全型电器设备。这些电缆敷设时要保证不会因邻近区域起火、舱壁受热而导致电缆受损。

18. 从主或应急照明配电板到主或应急照明分电箱的电缆要尽量分开敷设。

从应急配电板到安装在 A 类机械区外部设备的供电电缆的安装如下:

(1)这些电缆(包括内部通信和应急信号的电缆)不能通过 A 类的机器区,以此确保它们在因火灾或其他意外事故引起的 A 类机器区内的主要电力来源无法工作时能够正常运行。

(2)这些电缆应尽可能避开厨房、洗衣房、A 类机器区和其他高火险区域(如油漆库、乙炔气瓶室、存放可燃气体和液体的区域等)。

19. 就实用性而言,应尽量避免使用单芯电缆,如无法避免,电缆应以对绞形式拉放。

交流电路的单芯电缆安装原则如下:

(1)电缆应用非易碎绝缘体支撑。

(2)成组安装的非磁性材料的单芯电缆周围应无电磁回路。

(3)走在同一支路上二相配电系统的每一组电缆构成 360 相度。

(4)敷设超过 30 m 并且 A 截面积在 185 mm² 以上电缆,每隔一段距离须将电缆交叉翻转一次,间隔距离不超过 15 m,以此来补偿二相电路的相角阻抗。也可以采用"品"字形安装。

20. 高压电缆(1~11 kV)的安装。

(1)高压电缆不能在居住区敷设。如在居住区安装高压电缆应考虑特别保护的必要性,以预防电缆短路和强电磁对人的有害影响。

(2)高压电缆应与低压电缆分开敷设,尤其不可在同一电缆托架、电缆管内敷设,不能使用同一电缆盒。

(3)如果高压电缆有金属外护套或铠装,用金属护套和铠装有效接地,该电缆可在电缆托架或等价支撑架上敷设。否则,整根电缆需在金属通道或管中敷设,以确保接地有效。

(4)在易受机械损伤的露天区域,如走廊附近、逃生通道等区域的高压电缆托架应有高压危险标识。

(5)高压电缆应有电缆生产商认可或推荐的用于终端处理的配套工具。

(6)高压电缆接线头应适用于电缆的电压水平。

21. 所有重要的冗余系统,像舵桨控制和推进器控制电路,电缆必须通过不同的路径分开敷设,并尽可能彼此远离。

电力推进电缆的安装应满足:

(1)推进器电缆不能有接点,端子接线处除外,所有电缆的端头必须密封,以避免进入潮气。

(2)安装过程中,在端子进行永久性连接前,所有电缆端头必须封闭。

(3)电缆托架应设计得可经受短路。

(4)电缆悬空的距离应小于 900 mm,以避免电缆磨损。

任务二　电缆托架结构形式

一、电缆托架

电缆托架应用于主电缆路径和大的分支路径,扁钢应用于分支电缆路径。例如:扁钢(40×4)。

二、电缆分类

电缆按电压的高低可分为以下几种类型:

L_1——低压电缆(1 kV 以下)、动力控制电缆。

L_2——中压电缆(1~11 kV)。

L_3——变频电缆、直流动力电缆。

L_4——仪器仪表电缆、信号电缆、广播报警电缆、本质安全电缆。

三、电缆托架标准与结构

1. 对电缆托架的要求。

电缆托架的支撑物应为纵向有孔角钢。电缆拖板宽度取决于托架上电缆的数量和电缆路径要求。

2. 电缆托架制作要求。

材料:低碳钢或不锈钢。

涂层:热浸镀锌于 ISO1461(低碳钢)。

构造:焊熔。

3. 电缆托架标准类型、结构和长度。

(1)水平电缆托架(3M) 如图 6-2 所示。

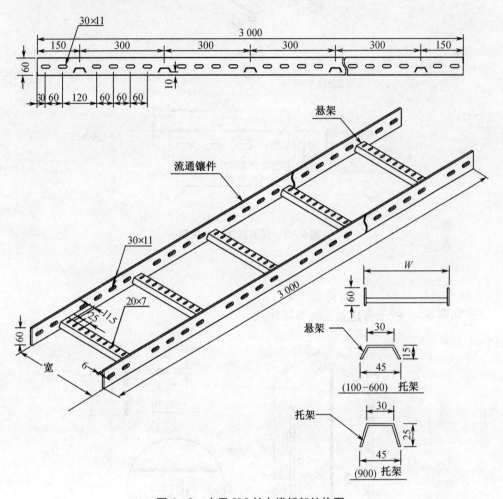

图 6-2　水平 3M 长电缆托架结构图

（2）如图6-3所示为托架连接片。

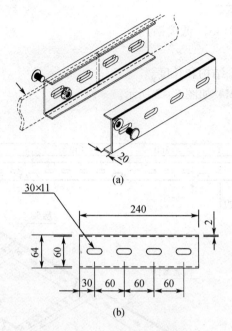

图6-3 托架连接片结构图

（3）如图6-4所示为托架支腿焊接片。

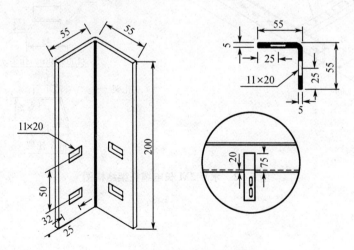

图6-4 托架支腿焊接片结构图

（4）如图6-5所示为加覆板托架支腿焊接片。

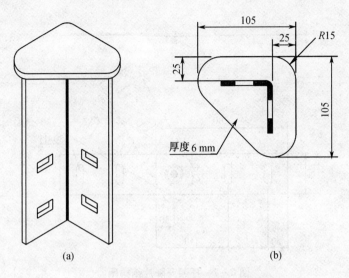

(a)　　　　　　　　　　　(b)

图6-5　加覆板托架支腿焊接片结构图

（5）如图6-6所示为托架支腿。

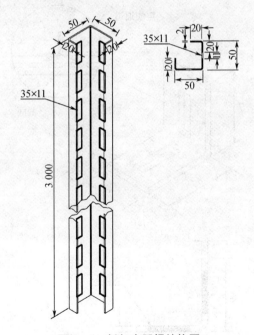

图6-6　托架支腿焊结构图

（6）如图6-7所示为托架升降片。

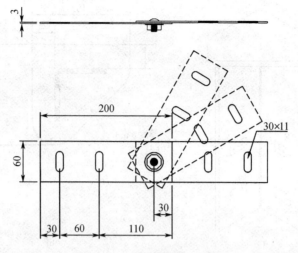

图6-7　托架升降片结构图

（7）如图6-8所示为固定夹子。

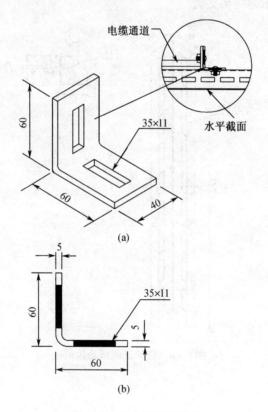

图6-8　固定夹子结构图

（8）如图 6-9 所示为水平弯头托架。

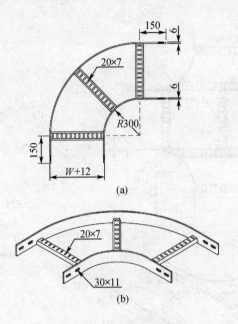

图 6-9　水平弯头结构图

（9）如图 6-10 所示为水平三通托架弯头。

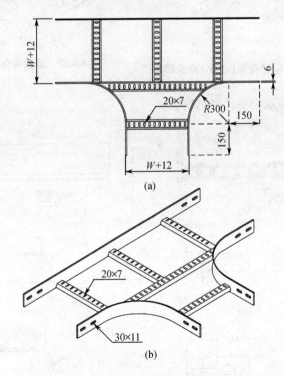

图 6-10　水平三通托架弯头结构图

（10）如图 6-11 所示为水平四通托架（十字）弯头。

（11）如图 6 – 12 所示为垂直弯角托架。

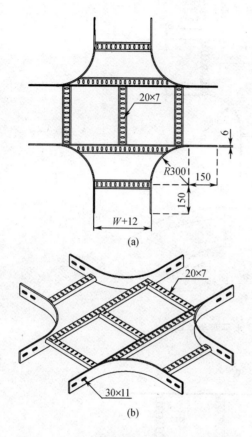

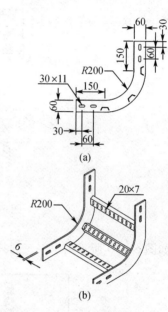

图 6 – 11　水平四通托架（十字）弯头结构图

图 6 – 12　垂直弯角托架结构图

（12）如图 6 – 13 所示为单托架结构图。

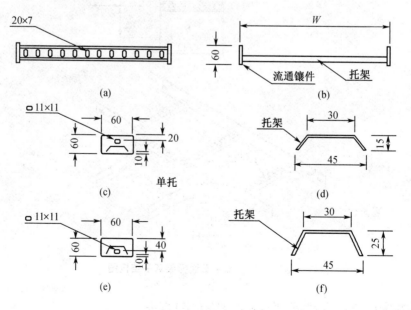

图 6 – 13　单托架结构图

（13）如图 6-14 所示为单托架连接螺丝。

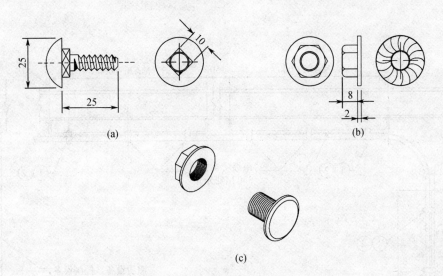

(a)

(b)

(c)

图 6-14　单托架连接螺丝

（14）如图 6-15 所示为单托架连接直角连接形式。

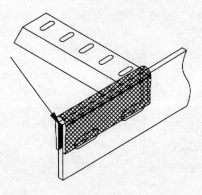

图 6-15　单托架连接直角连接形式

任务三　不同形式电缆托架安装方法

一、垂直和水平扁钢条托架安装

垂直和水平扁钢条托架安装如图 6-16 所示。

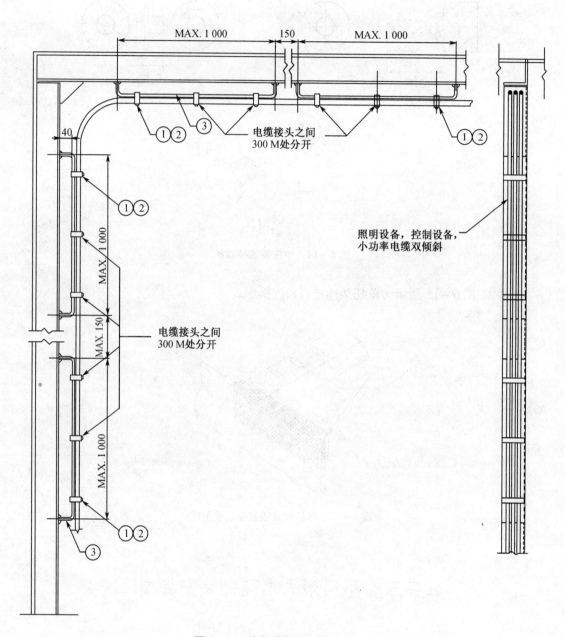

图 6 – 16　扁钢条托架安装示意图

二、水平多层垂直吊架电缆托架安装

水平多层垂直吊架电缆托架安装如图 6 - 17 所示。

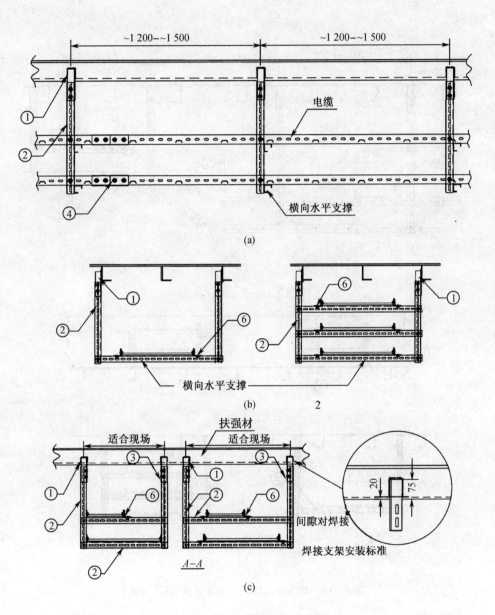

(a)

(b)　　　　　　　2

(c)

图 6 - 17　水平托架安装示意图

三、跨高度电缆托架安装

1. 跨高度电缆托架安装(A 方式)如图 6 - 18 所示。

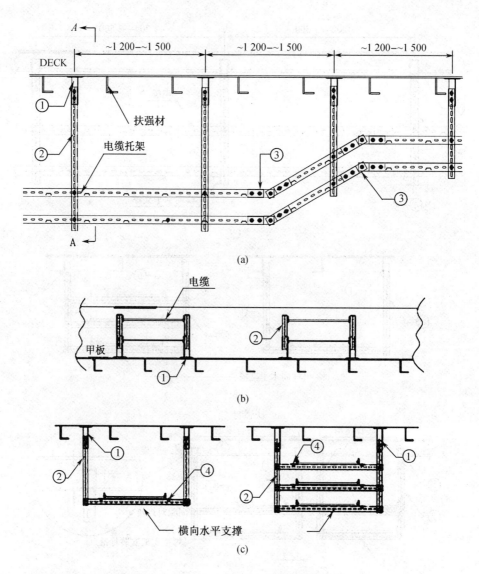

图 6 - 18　跨高度电缆托架安装示意图(A 方式)

2.跨高度电缆托架安装(B方式)如图6-19所示。

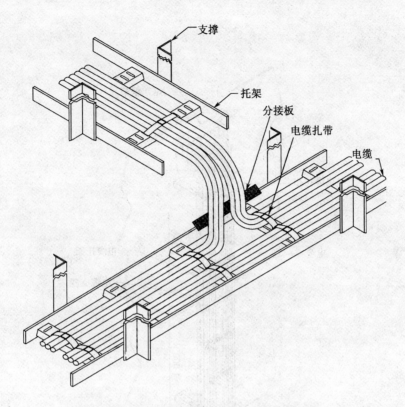

图6-19　跨高度电缆托架安装示意图(B方式)

四、电缆在垂直托架上安装的实例

电缆在垂直托架上安装的实例如图 6 – 20 所示。

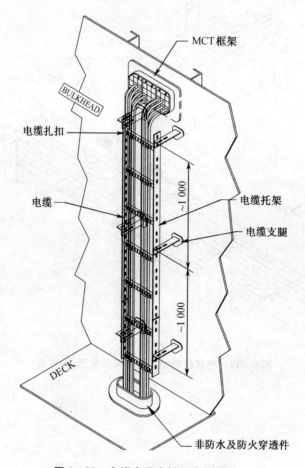

图 6 – 20　电缆在垂直托架安装示意图

五、同一高度弯曲的电缆托架安装实例

1.同一高度弯曲的电缆托架安装实例(A 方式)如图 6 – 21 所示。

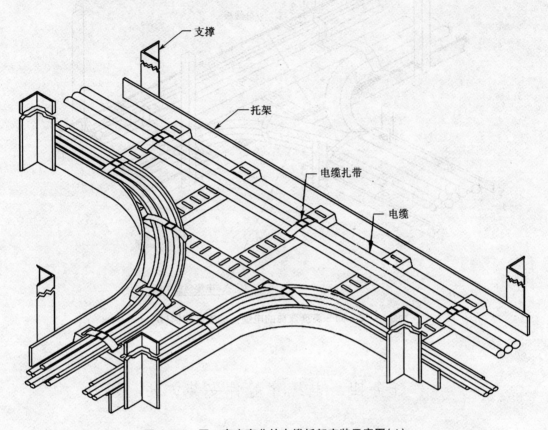

图 6 – 21　同一高度弯曲的电缆托架安装示意图(A)

2.同一高度弯曲的电缆托架安装实例(B方式)如图 6 - 22 所示。

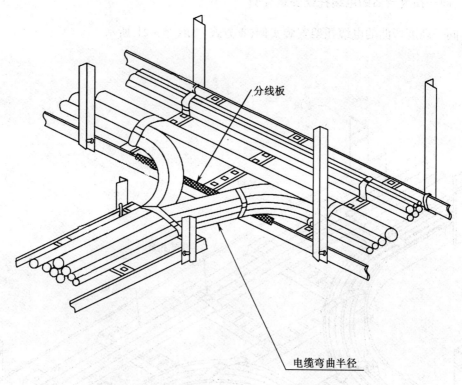

分线板

电缆弯曲半径

图 6 - 22　同一高度弯曲的电缆托架安装实例(B)

任务四　电缆穿舱件安装方法

一、电缆穿舱件要求总则

1.所有防火和防水电缆贯通件应使用气密贯穿件或是类似类型。电缆贯通件的位置应在图纸上标出。电缆穿水密舱时,单根或多根电缆穿舱采用 MCT。非水密电缆穿舱件通过甲板/舱壁时,使用电缆筒,焊接在甲板、舱壁上。

2.结构基座上有穿舱件的地方需要加强,所有的电缆穿舱件需要双面满焊,除非电缆框在没有防火或防水需要的干燥区域。

3.在防火、水密或气密甲板和舱壁上的穿舱件,须由船级社认可,或由可浇铸材料制成,以便保持甲板或舱壁的完整性。

4.填料函、穿舱装置和可浇铸材料共同的特性是不能损害电缆。

5.电缆穿舱件的长度至少为 60 mm,并且电缆穿过甲板或类似结构时开孔边缘必须去毛刺和锐角。

6.甲板贯通件位于电气设备的上部时,贯通件要封堵或密封以防止设备进水。

7.所有穿舱件都必须有独立和唯一的编号,穿舱件应有易于识别的固定标签。

8.当单芯电缆构成的三相电路穿过同一个穿舱件时,它们将包含在同一电缆框中。任何穿舱件中单芯电缆之间的垫板都必须为非磁性材料。

9.每个穿舱件中都必须留有备用空间(20%)。

10.封堵穿舱件时,必须遵守厂家的指导说明。

11.通常 MCT 将用于整个平台,但是对于特定的困难区域,可能会用到另一种密封堵料 RISE,但仅限于少量的使用。

二、框架结构形式

1.SRC 框架结构形式。

如图 6-23 所示为 SRC 框架结构形式及安装方法。

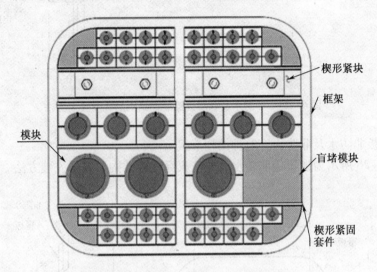

图 6-23 SRC 框架结构形式及安装方法

2.加覆板 SRC 框架结构形式。

如图 6-24 所示为加覆板 SRC 框架结构形式及安装方法。

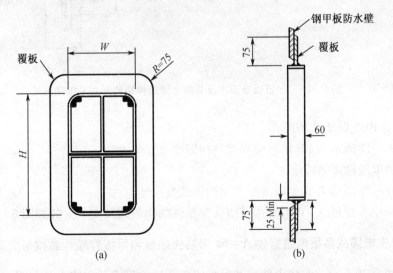

(a)   (b)

图 6-24 加覆板 SRC 框架结构形式及安装方法

3. 非防水及非防火穿舱件结构形式。

如图 6 - 25 所示为非防水及非防火穿舱件结构形式及安装方法。

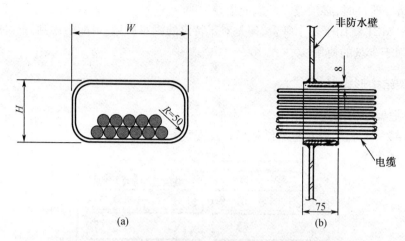

(a)　　　　　　　　(b)

图 6 - 25　非防水及非防火穿舱件结构形式及安装方法

4. 加覆板非防水及非防火穿舱件结构形式。

如图 6 - 26 所示为加覆板非防水及非防火穿舱件结构形式及安装方法。

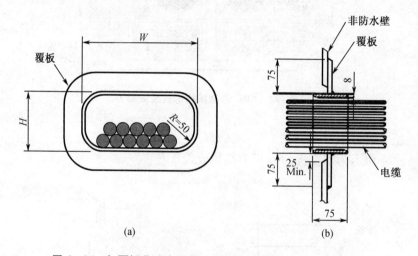

(a)　　　　　　　　(b)

图 6 - 26　加覆板非防水及非防火穿舱件结构形式及安装方法

5. RS 单电缆框架结构形式。

如图 6 - 27 所示为 RS 单电缆框架结构形式及安装方法。

6. R 型电缆框架结构形式。

如图 6 - 28 所示为 R 型电缆框架结构形式及安装方法。

7. 多根电缆穿过 A - 0 级防水及防火穿舱件结构形式及安装方式如图 6 - 29 所示。

三、单根电缆或多根电缆穿过 A - 60 级防火舱壁和甲板穿舱件结构形式及安装方式

1. 电缆穿过 A - 60 级防火舱壁和甲板穿舱件结构形式及安装方式如图 6 - 30 所示。

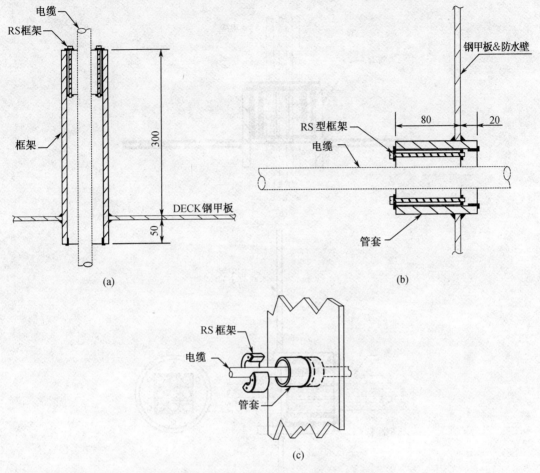

图6-27 RS单电缆框架结构形式及安装方法

2. 电缆穿过 A-60 级防火舱壁和甲板穿舱件铜质、不锈钢质填料函结构形式如图6-31 所示。

3. 电缆穿过 A-60 级防火舱壁和甲板穿舱件铜质、不锈钢质填料函安装方式如图6-32 所示。

4. 电缆穿过 A-60 级防火舱壁和甲板穿舱件质填料函鹅式管结构形式及安装方式如图6-33 所示。

四、加覆板及非加覆板电缆框架与甲板和舱壁安装方法

加覆板及非加覆板电缆框架与甲板和舱壁安装方法如图6-34 所示。

五、区域典型电缆安装实例

1. 电缆在衬舱壁内安装实例如图6-35 所示。

2. 电缆在衬舱壁上安装实例如图6-36 所示。

3. 电缆穿过木质舱壁安装实例如图6-37 所示。

4. 舱壁上分支托架电缆安装实例如图6-38 所示。

5. 电缆安装完毕芯线标记方法如图6-39 所示。

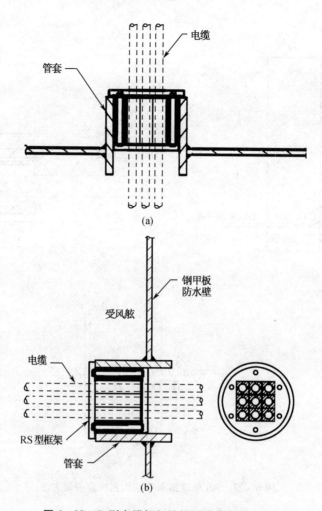

图 6-28　R 型电缆框架结构形式及安装方法

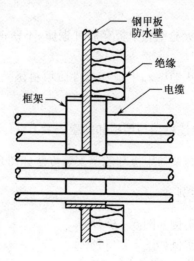

图 6-29　电缆穿过 A-0 级防水及防火穿舱件结构形式及安装方式

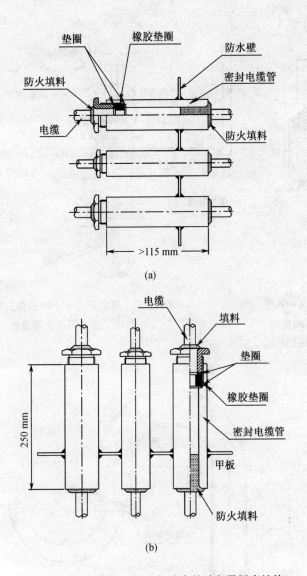

图 6-30 电缆穿过 A-60 级防火舱壁和甲板穿舱件
结构形式及安装方式

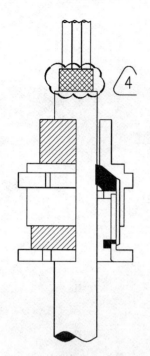

图 6 – 31　电缆穿过 A – 60 级
防火舱壁和甲板穿舱件铜
质、不锈钢质填料函结构形式

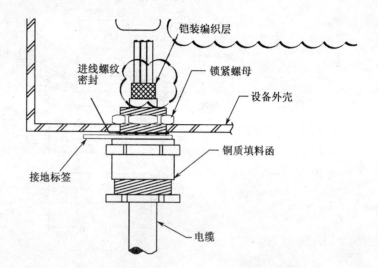

图 6 – 32　电缆穿过 A – 60 级防火舱壁和
甲板穿舱件铜质安装方式

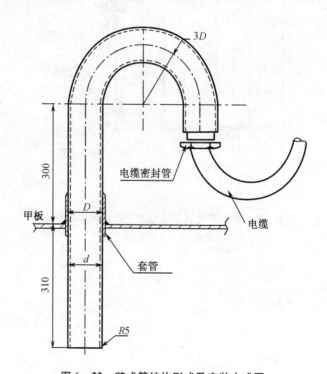

图 6 – 33　鹅式管结构形式及安装方式图

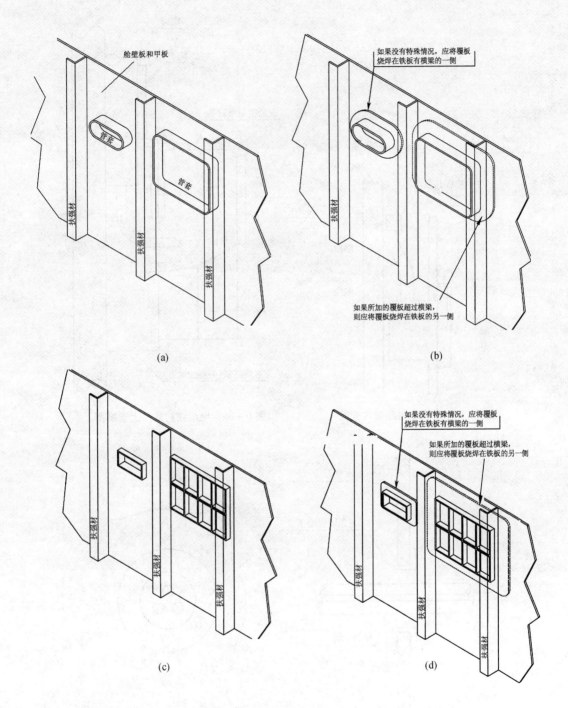

图 6 - 34　加覆板及非加覆板电缆框架与甲板和舱壁安装方法

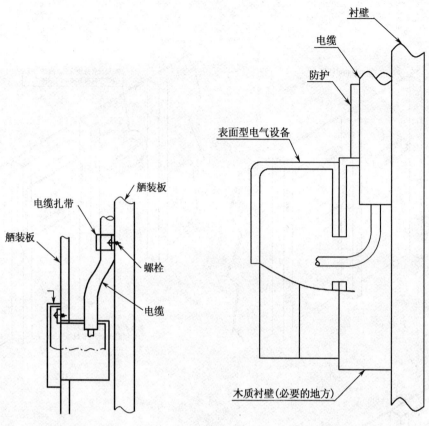

图 6 – 35　电缆在衬舱壁内安装　　　　图 6 – 36　电缆在衬舱壁上安装图

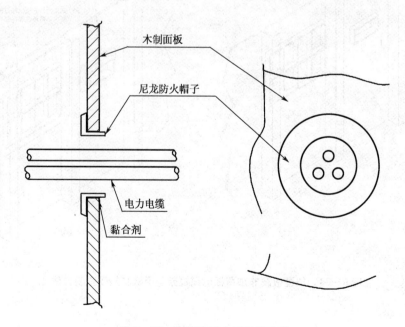

图 6 – 37　电缆穿过木质舱壁安装

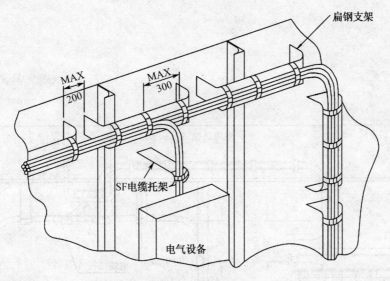

图 6 – 38　舱壁上分支托架电缆安装实例图

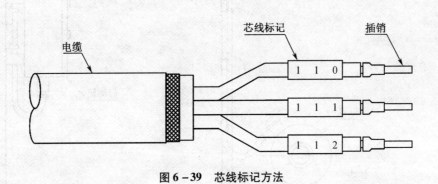

图 6 – 39　芯线标记方法

任务五　区域典型电缆安装实例

一、区域典型电缆安装实例

1. 机器区域的电缆安装从天花板向下敷设实例如图 6 – 40 所示。

2. 机器区域电缆在无地板的甲板上敷设实例如图 6 – 41 所示。

二、区域典型电气设备安装实例

1. 机械处所标准设备安装如图 6 – 42 所示。

2. 居住区的典型电器设备安装实例如图 6 – 43 所示。

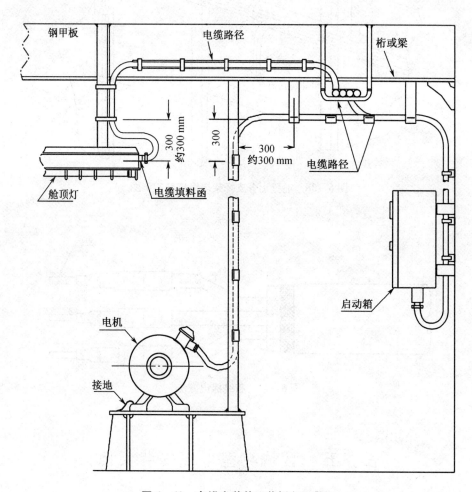

图 6 – 40　电缆安装从天花板向下敷设

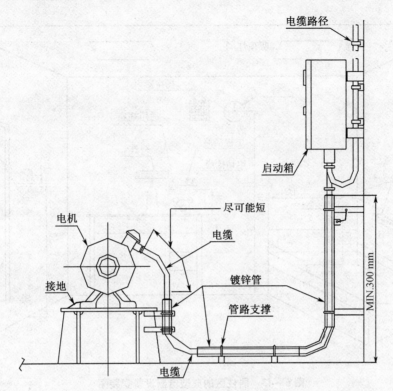

图 6-41 电缆在无地板的甲板上敷设

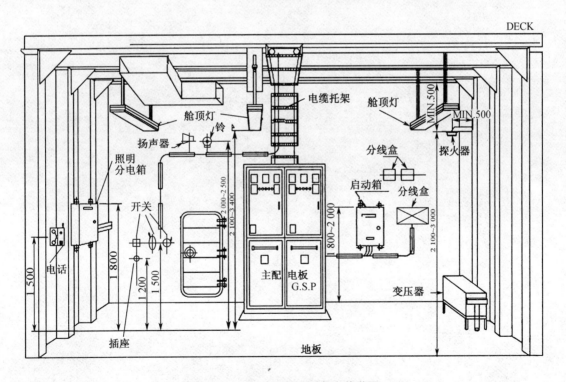

图 6-42 机械处所标准设备安装详图

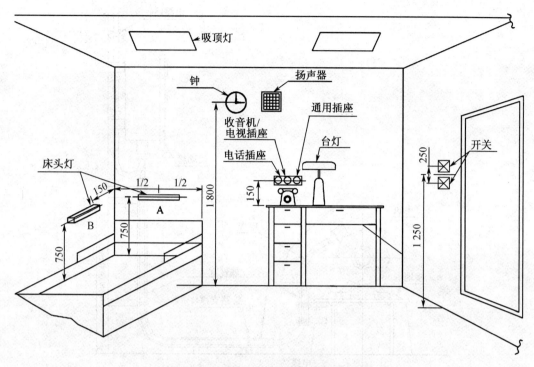

图 6 - 43 居住区的典型电器设备安装图

参 考 文 献

［1］ 中国造船工程学会. 船舶设计实用手册:舾装分册［K］. 北京:国防工业出版社,2002.

［2］ 刁玉峰. 船舶舾装制造与安装［M］. 北京:人民交通出版社,2012.

［3］ 中国造船工程学会. 船舶设计实用手册:总体分册［K］. 北京:国防工业出版社,2002.

［4］ 李治斌. 海洋工程结构［M］. 哈尔滨:哈尔滨工程大学出版社,1999.

［5］ 任贵示. 海洋活动式平台［M］. 天津:天津大学出版社,1992.